피부미용학

저자	종서우	현) 서경대학교 예술종합평생교육원 미용학과
	김은숙	현) 서경대학교 예술종합평생교육원 미용학과
	김태희	현) 서경대학교 예술종합평생교육원 미용학과
	이현숙	현) 서경대학교 예술종합평생교육원 미용학과
	장미여	현) 서영대학교 뷰티코디네이션학부
	신미숙	현) 서영대학교 뷰티아트과
	장옥선	현) 광운대학교 정보콘텐츠대학원 뷰티미디어 재학

피부미용학

초판 1쇄 발행 2016년 8월 19일
지은이 종서우 김은숙
펴낸이 위 북스
펴낸곳 위 북스
출판등록 2013년 1월 28일(제406-2013-000011호)
주소 경기도 고양시 덕양구 행신동 943-1 아이프라자 510호
전화 031)955-5130
이메일 we_books@naver.com

ISBN 979-11-952507-7-6(93600)
값 23,000원

Chapter 1. 피부 미용학

1. 피부 미용의 개념 — 10
2. 피부 관리의 역사 — 10
    1) 서양 역사 — 10
    2) 우리나라 피부미용의 역사 — 16
3. 피부 관리의 영역 — 22
    1) 피부 관리의 환경 — 22
    2) 피부 관리사의 조건 — 23
4. 피부 분석 및 상담 — 25
    1) 상담의 정의 — 25
    2) 피부상담의 내용 — 25
    3) 피부 분석의 방법 — 25
    4) 피부 분석 시 주의사항 — 26
5. 클렌징 — 26
    1) 클렌징의 목적 및 효과 — 26
    2) 클렌징의 제품의 종류 — 27
6. 딥클렌징 — 28
    1) 딥클렌징의 목적 및 효과 — 28
    2) 딥클렌징의 제품 — 29
7. 피부유형별 화장품 도포 — 31
    1) 화장품 도포의 목적 — 31
    2) 피부 유형별 관리 및 화장품 사용 — 31
8. 매뉴얼테크닉(Massage) — 44
    1) 매뉴얼테크닉의 목적 및 효과 — 44
    2) 매뉴얼테크닉의 요건 — 45
    3) 매뉴얼테크닉의 종류 — 45
    4) 매뉴얼테크닉의 유의사항 — 49
9. 팩과 마스크 — 49
    1) 팩과 마스크의 개념과 효과 — 49
    2) 팩(마스크)의 종류 및 사용방법 — 50
    3) 팩(마스크)의 재료에 따른 종류 — 50
10. 제모 — 53
    1) 제모의 목적 및 효과 — 53
    2) 제모의 종류 및 방법 — 53
    3) 왁싱 후 사후 관리 — 55
    4) 제모 시 금기사항 — 55

Chapter 2. 해부생리학

1. 해부생리학의 개요 58
  1) 정의 58
  2) 인체의 생명체의 특성 58
  3) 인체의 구성 체계 59
2. 세포(Cell)의 구조 및 기능 60
  1) 정의 60
  2) 세포의 구성 60
3. 조직(Tissue) 64
  1) 정의 64
  2) 조직의 종류 65
4. 기관(Organ) 65
5. 기관계(Organ system) 66
6. 각 기관계의 종류와 기능 67
  1) 골격계통(Skeletal System) 67
  2) 근육계통(Muscular System) 69
  3) 신경계통(Nervous System) 81
  4) 내분비계통(Endocrine System) 84

Chapter 3. 전신관리

1. 전신관리의 목적과 효과 92
2. 전신관리의 종류 및 방법 93
  1) 아로마 테라피(Aroma theraphy) 93
  2) 림프드레나쥐 103
  3) 경락 107
  4) 발 반사 매뉴얼 테크닉(Foot Reflexzone Massage) 110

Chapter 4. 피부 과학

1. 피부의 구조와 기능 126
  1) 피부의 개요 126
2. 피부의 부속기관(Skin Appendage) 134
3. 피부의 생리 142
  1) 피부의 일반적 기능 142
  2) 피부의 흡수 144

　　　　3) 피부의 pH　　　　　　　　　　　　　　　　　　　　　145
　　4. 피부와 광선　　　　　　　　　　　　　　　　　　　　　146
　　　　1) 태양과 피부　　　　　　　　　　　　　　　　　　　146
　　　　2) 자외선(Ultraviloet rays)　　　　　　　　　　　　　147
　　　　3) 자외선이 피부에 미치는 영향　　　　　　　　　　　149
　　5. 피부장애와 질환　　　　　　　　　　　　　　　　　　　151
　　　　1) 피부장애종류와 특징　　　　　　　　　　　　　　　151
　　　　2) 피부질환(Skin diseases)의 종류와 특징　　　　　　157

Chapter 5. 피부미용기기학

　　1. 피부측정 분석기기　　　　　　　　　　　　　　　　　　166
　　　　1) 분석 기기의 종류 및 특징　　　　　　　　　　　　　166
　　2. 전류를 이용한 피부미용기기　　　　　　　　　　　　　　172
　　　　1) 갈바닉 전류(Galvanic Current)　　　　　　　　　　172
　　　　2) 저주파 전류(Low Frequency Current)　　　　　　　173
　　　　3) 중주파 전류(Middle Frequency Current)　　　　　173
　　　　4) 고주파 전류(High Frequency Current)　　　　　　174
　　　　5) 초음파(Ultrasound)　　　　　　　　　　　　　　　175
　　3. 광선과 열을 이용한 피부미용기기　　　　　　　　　　　177
　　　　1) 적외선 기기　　　　　　　　　　　　　　　　　　　177
　　　　2) 자외선 기기　　　　　　　　　　　　　　　　　　　177
　　　　3) 가시광선을 이용한 컬러테라피기　　　　　　　　　179
　　4. 압력과 진동을 이용한 피부미용기기　　　　　　　　　　180
　　　　1) 진공흡입기(감압기, 음압기, 석션기, Vacuum Suction)　130
　　　　2) 에어프레셔(프레셔테라피기:Pressuretheraph, 공기압박기기)　130
　　　　3) 순환진동기기(Gyratory Vibrator, 바이브레이터)　　181

Chapter 6. 화장품학

　　1. 화장품학 개론　　　　　　　　　　　　　　　　　　　　184
　　　　1) 화장품의 정의　　　　　　　　　　　　　　　　　　184
　　　　2) 기능성 화장품(화장품법 제2조 2항)　　　　　　　　184
　　　　3) 화장품의 4대요건　　　　　　　　　　　　　　　　184
　　　　4) 화장품의 분류　　　　　　　　　　　　　　　　　　185
　　2. 화장품에 사용되는 원료와 분류　　　　　　　　　　　　185

3. 화장품의 분류와 특성	186
4. 기능성 화장품의 종류와 특징	187
1) 기능성 화장품의 정의	187
2) 기능성 화장품의 종류와 특성	188
5. 화장품 첨가제	189
1) 첨가제의 종류와 특징	189
6. 피부타입에 따른 화장품의 성분선택	192
1) 건성 피부용 활성성분	192
2) 지성 여드름용 활성성분	193
3) 노화용 활성성분	194
4) 예민성 성분	195
5) 미백용 화장품	196
6) 향수 화장품	197

Chapter 7. 공중위생학

1. 공중위생학의 종류	202
1) WHO의 정의	202
2) 윈슬로우의 정의	202
3) 공중 보건학의 목표	203
4) 공중 위생학의 분야	203
2. 질병관리	203
1) 질병의 3요소	203
2) 전염병의 생성	204
3. 소독학	207
1) 세균학	207
2) 소독학의 용어	208
3) 소독학의 조건	210
4) 소독학의 종류	210
5) 이용도구의 소독기준	214
6) 소독 대상물에 따른 소독방법	214
7) 미용분야의 위생, 소독	215
4. 공중위생법	216
1) 공중위생법의 목적과 정의	216
2) 공중위생법의 종류	217

참고문헌	232

BASIC SKIN CARE

Chapter 1

피부 미용학

1. 피부 미용의 개념
2. 피부 관리의 역사
3. 피부 관리의 영역
4. 피부 분석 및 상담
5. 클렌징
6. 딥클렌징
7. 피부유형별 화장품 도포
8. 매뉴얼테크닉
9. 팩과 마스크
10. 제모

Chapter 1.
피부 미용학

1. 피부 미용의 개념

 피부 및 인체기능과 생리 작용에 대한 과학적인 지식을 바탕으로 내, 외적인 나이, 계절, 환경조건 등으로 발생되는 피부의 변화를 물리적, 화학적인 방법으로 개선하고 예방하여 피부의 신진대사를 증대시켜 피부를 건강하고 아름답게 유지하는 미용의 한 분야이다.

 관련용어로는 코스메틱(Cosmetic)이 있으며, 이는 우주의 조화, 질서의 그리스어인 'Kosmos'에서 유래되었다.

2. 피부 관리의 역사

1) 서양 역사

(1) 고대 이집트 시대(B. C. 3200년경)

 고대 이집트 문화의 대부분이 종교와 관련되어 발달하였다. 종교적인 목적으로 미라의 보존을 위하여 사제나 제사장들이 향이나 화학적 안료 등이 만들어졌는데 미라의 보존기술을 보면 화장고와 방부제를 사용한 흔적이 남아 있다. 올리브 오

[이집트의 여왕 하트셰프수트]

일, 아몬드 오일, 양모 왁스, 꿀, 우유, 동물성 기름, 염료, 흙 등의 천연재료를 향유와 혼합하여 피부관리를 시도하였으며, 청결을 좋아하여 목욕법, 세탁의 체계를 세웠다. 또한 귀족들의 중심으로 향을 피우거나 향유를 이용한 목욕과 피부손질 등이 있었으며, 이집트의 여왕 클레오파트라의 미용법인 진흙, 우유, 꿀, 달걀을 이용한 진흙 미용법 등 화장품과 향수 등은 당시 최고의 문명국이었던 로마에 전파되었다.

(2) 그리스 시대(B. C. 3000~B. C 400)

그리스인들은 척박한 자연환경으로 인해 일찍부터 해상활동을 통해 지중해 각지에서 식민지를 건설하며 이민을 통한 도시국가를 형성하며 발전하였다. 건강한 정신은 건강한 신체에서 비롯된다고 생각했기 때문에 건강한 신체를 추구하기 위해 노력하였으며. 자연 그대로의 꾸밈없는 모습을 중시하는 헬레니즘(Hellenism)사상의 영향을 받아 목욕, 운동, 마사지 등 신체를 자연스러운 미를 위하여 관리하였고, 주로 궁정인들이나 최상류층 여인들이 화장품을 사용하였다. 또한 이들은 화장품의 조제 비법을 약제사를 통해 모녀간에 전수했다. 미용과 종교의식을 위해 목욕을 즐기고, 우유, 포도주로 마사지를 하거나 옥수수, 버터를 밀가루와 혼합하여 마사지와 효모, 레몬 등 과일산을 이용하여 오일, 향수를 사용 및 곡물가루를 반죽하여 얼굴에 붙이고 이튿날 아침에 씻어낸 것이 현대 팩(Pack)의 시초가 되었다. '의학의 아버지'인 히포크라테스는 질병치료와 건강증진을 위해 영양과 식이, 피부건강을 위한 마사지 요법, 피부병 연구, 위생연구 등을 통해 전인적인 건강법과 실재 활용법에 대한 연구를 주장하였다.

(3) 로마시대(B. C. 8세기~ A. D. 3세기)

로마인들은 화장품과 향료를 많이 사용하고 청결과 장식을 중요시하는 관념 때문에 오일과 향수, 화장이 생활의 필수품으로 등장하게 되었다. 피부 관리 방법과 사용 재료의 다양화를 가져왔는데 '스팀미용법'과 '한증 목욕법'이 생활화되었으며, 피부를 희고 부드럽게 유지하기 위하여 염소젖으로 얼굴을 씻었다. 또한 이 시대에는 남녀 모두 희고 아름다운 피부를 가꾸기 위해 냉수욕, 온수욕, 약물욕 등을 하거나 얼굴과 목, 어깨, 팔에 백납분을 발랐다. 로마의 의사였던 갈렌(Garen, A. D. 130~200)은 최초로 콜드크림의 시초인 시원해지는 연고를 만들어 보급하였으며, 해부학, 생리학, 위생학, 약학, 병리학, 철학 등의 분야에 풍부한 저서를 남겼는데 화장품 제조에 관한 처방전도 남겼다. 각질관리기구인 '스트레길레'와 스펀지를 사용하였고 밀랍과 송진을 이용한 제모관리가 이루어졌다. 로마인들은 상수도와 하수도 시설 및 분수, 목욕탕 시설을 많이 지었다.

(4) 중세시대(Middle Ages: A. D. 4~15세기)

중세시대는 르네상스 이전의 A. D 476년에서 15세기까지 약 천년에 걸친 암흑과 야만의 중간 시대를 의미하며 비잔틴 시대, 로마네스크 시대, 고딕시대로 구분된다.

비잔틴시대(4~10세기)에는 여성이 신체를 가꾸고 화장하는 행위를 엄격히 제한하고 금지하였는데, 목욕마저도 제한하여 청결을 위한 것과 고해와 영성체 전날의 목욕만을 허용했고, 향수를 사용하여 해결했다. 로마네스크시대(11~13세기)에는 십자군 전쟁 이후 동양으로부터 안티몬과 향유 등 진기한 화장재료들이 전해져서 여성들 사이에 아름답게 치장하는것에 대한 관심이 생겨나게 되었다. 고딕시대(14~15세기)에는 그리스나 로마

[엘리자베스여왕]

처럼 피부를 희게 가꾸는 것으로부터 시작되었으며 하얗게 보이기 위해 흰색과 핑크색의 수용성 안료를 사용하였다. 중세의 에스테틱(Esthetic) 문화는 공중목욕탕이 생기면서 대중적으로 변화하기 시작하였다. 중세에는 끓는 물에 사루비아, 로즈마리, 보리수 꽃 등 여러 약초를 넣어 얼굴에 수증기를 쐬는 약초 스팀법과 화장품 제조에 필수성분인 알코올도 발명되었다.

(5) 르네상스 시대(Renaissance: 16세기)

중동지역으로 향했던 십자군의 귀향으로 향장과 향료연구에 큰 발전의 계기가 마련되었으며, 여행자의 전파로 유럽은 동양의 문물을 다양하게 접하게 되었다. 이로 인해 정제된 화장수를 사용하였으며, 이는 알코올 증류법에 의하여 만들어지는 현재의 화장수와 유사한 형태이며, 체취제거를 위해 향수를 과도하게 사용하였다.

또한 이 시대에는 의학서적이 출판되었으며 화장품을 비롯한 화장 전반에 이론적 확립이 이루어졌다. 엘리자베스 1세는 알라바스터(Alabaster) 분말과 점토, 마스크, 팩, 백납분 등을 사용한 새로운 화장법을 유행시켰으며, 몽테뉴의 저서에는 팩과 크림에 관한 처방이 기록되어 있다.

(6) 바로크 시대(17세기)

바로크시대는 포루투갈어로 '찌그러진 진주'를 의미하며 낭만적이고 상징적인 성향과 기묘하고 불규칙적인 조형미를 추구하였다. 화장품의 처방전과 제조법 또한 인쇄술의 발명으로 인해 전파가 가속화되었다. 17세기 후반에는 여드름이나 천연두의 흔적을 감추기 위해 실크라 벨벳으로 만든 뷰티 패치(Beauty batch)가 유행하였다. 카트린드 메디시스(1519~1589, 앙리 2세 왕비)는 분을 바른 광택 없는 흰 피부는 순수한 얼굴빛과 섬세한 귀족적인 자태의 상징이었으며, 투명한 피부로 가꾸었다. 갑오징어의 뼈와 계피를 이용해 일주일에 한 번 정도 치아미백을 하였고, 이 외에도 아름다움을 가꾸기 위한 가문의 비법들을 다양하게 행하였다. 알코올의 증류법이 개발되어 지금의 화장수와 유사한 형태의 화장품이 사용되기 시작하였으며, 향수 제조업은 17~18세기에 걸쳐 프랑스에서 크게 발전하여 이는 향수 산업에서 앞서가는 밑거름이 되었다. 독일의 의사 훗페란드는 젊음과 숙면을 위하여 매뉴얼 테크닉을 권장하였고, 클렌징 크림을 제조하여 피부에 사용하였으며, 로마제국의 화장품과 제조법 및 미용법이 유럽에 전해졌다.

(7) 로코코 시대(18세기)

로코코 시대에 이르러 화장품의 제조는 더욱 활발해졌고, 1770년 영국에서는 영국귀족에 의해 영국 최초의 비누와 화장수를 제조하여 판매하는 회사가 생겼으며, 1774년 프랑스 파리에서는 향수와 화장품 가게가 생기면서 본격적으로 피부 관리에 필요한 용품을 판매, 사용하기 시작하였다. 청결과 실용보다는 예술적인 형태로 발전하였다.

(8) 근대(19세기)

　19세기 위생과 청결의 중요성 때문에 비누의 사용이 보편화되었으며, 산업혁명으로 화장품의 기술 및 원료가 개발되었다. 일반 시민들도 크림이나 로션 등의 화장품을 쉽게 접할 수 있게 되었다. 19세기 초 프랑스에서는 성병이 크게 유행하여 얼굴의 붉은 기를 완화려는 목적으로 1830년 화이트닝 제품이 출시되고, 동시에 피부에 보습과 활력을 줄 수 있는 안색 개선용 크림도 출시되었다고 한다. 1853년 겔랑의 창립자 피에르 프랑소와 파스칼 겔랑이 유제니 황후의 아름다움과 우아함에 대한 존경의 표시로 향수를 만들었다. 특히 1866년 산화아연이 개발되어 백납분에 안전한 성분으로 작용되면서부터 전 유럽과 미국으로 퍼져나갔으며, 여인들은 흰 피부를 선호하여 햇볕에 그을리지 않도록 얇은 베일을 썼으며, 미용팩과 필링도 유행하였다. 1870년에 화학분야로 화장품이 발달하게 되었다.

(9) 현대(20세기~)

　20세기에는 향장품의 종류가 다양하게 개발되고 다량 생산되어 대중화된 시기이다. 1901년에는 마사지 크림이 개발되어 대중화되었고, 1907년에 샴푸가 생산되기 시작하였고, 1908년에 매니큐어가 등장하면서 본격적으로 화장품이 생산되기 시작하였다. 1912년 폴란드의 화학자 퐁크에 의해 비타민이 발견되고, 내분비호르몬과의 관계도 밝혀지면서, 피부생리학이 발전하기 시작했다. 1916년에 산화티타늄이 발견되어서 그리스 이후의 긴 역사를 마감하고 안전하고 새로운 성분의 화장품이 공급되었다. 1930년 후반에는 자외선 차단제가 개발되었으며, 1935년에는 프랑스의 랑콤이 탄생했다. 1940년에는 호르몬 크림의 제조에 성공하였고, 에어로졸 용기가 나오기 시작했다. 또한 이 시기에는 10대들을 위한 화장품이 새롭게 등장했고, 남성들도 이발, 마사지, 매니큐어 등 몸치장에 신경을 썼다. 1947년 프랑스의 바렛트 교수는 전기적 또는 기계적인 수단으로 피부 깊숙이 침투시켜 세포에 영양을 주면 신진대사에 영향을 미친다는 사실을 최초로 증명하였다. 이러한 흐름을 반영하기 위해 피부를 전문적으로 다루는 전문인이 소속된 뷰티숍이 생겨났다.

1960년대 중반에 이르러 패션산업이 크게 성게 성장하면서, 1970년대 초에는 좋은 외모가 더 큰 직업적 성공을 보장하는 데 도움을 준다고 여겨 화장품에 관심이 많아졌다. 1990년대부터 새로운 밀레니엄 시대에 어울리는 아름다운 이상을 찾으면서 개성을 부각시켰고, 영화와 TV 등의 발달로 연예인이 유행에 선두자가 되었고, 미를 위한 뷰티산업이 선장하면서 화장품 산업, 피부미용 산업, 헤어 및 메이크업 산업, 네일아트산업 등으로 분화되고 전문화되는 시기가 되었다.

2) 우리나라의 피부미용의 역사

(1) 고조선(건국년도 미상~B. C. 108)

단군신화(檀君新話)에 의하면 향료가 생활이 밀접했고, 고조선시대의 미용완경을 짐작할 수 있는데 당시에 이미 쑥과 마늘을 미용재료로 사용했다. 바르는 것이 발달하지 않았던 고조선시대 사람들의 미의식은 미용재료를 음식으로 섭취해 아름다움으로 변화·유지할 수 있다고 생각했다. 또한 미인상으로 '하얀피부'를 이상적으로 여겼음을 짐작할 수 있는데 주거는 햇빛을 피해 동굴 속으로, 쑥을 달인 물에 목욕함으로써 피부를 건강하고 하얗게 하였으며, 찧은 마늘을 꿀에 섞어 골고루 바른 후 씻어냄으로 미백효과 외에 기미, 잡티, 주근깨 등을 제거하기도 하였다. 또한 추위로부터 피부를 보호하기 위해 돼지기름을 응고시키거나 고약처럼 만들어 피부를 부드럽게 하여 동상을 예방하기도 하였으며, 특히 삼한시대에 말갈인들은 피부를 희게 하기 위해 오줌으로 세수를 하기도 하였다. 이와 같이 고조선 사람들은 피부미용과 피부보호에 관심을 갖고 있었음을 알 수 있다.

(2) 삼국시대

① 고구려 시대(B. C. 37~ A. D. 668)

고구려에서는 수산리 고분벽화를 보면 귀부인이 머리에 관을 쓰고, 뺨과 입술에 연지를 바르고 있다. 그리고 무용총, 쌍영총, 벽화 속 여인들은 곡선형태의 눈썹을 그리고, 보름달 얼굴의 뺨과 입술, 연지 화장을 하였다. 이런 화장법은 강한 바람에 뺨을 보호하고 창백해진 얼굴을 붉에 하여 건강미를 주고자 기초화장과 더불어 색조화장까지 발달하였다. 한편 불교의 영향으로 향(香)의 사용이 확대되면서 종교의 식용에서 향을 몸에 지니거나 피우는 법 등이 등장하였고, 팥이나, 녹두, 쌀겨 등 곡물들을 이용한 각종 입욕제가 사용되어 청결을 중요시하는 모습도 생겨났다.

② 백제시대(B. C. 18~ A. D. 663)

백제는 고구려 시조 주몽의 아들 온조가 남으로 내려와 기원전 18년에 건국되었다. 고구려와 신라의 문화적 교량 역할을 하여 우아하고 섬세한 문화를 나타내었다. 백제에는 6세기에 백제의 의박사, 채약사 등이 일본에 파견되어 "백제로부터 화장품 제조기술과 화장법을 배웠다"라는 기록이 일본서기에 있어 많은 영향을 준 것으로 보아서 화장관련 제조나 기술이 상당히 높은 것을 알 수 있다. 백제인들은 고구려나 신라보다 연지를 바르지 않고 은은한 화장을 하였으며, 일본과 근거리에 있어 문신을 하는 사람이 많았다.

③ 신라시대(B. C. 57~ A. D. 668)

신라시대에는 '아름다운 육체에 아름다운 정신이 깃든다'는 사상이 외모에 많은 영향을 미쳤으며, 박혁거세의 탄생설화에서도 백색피부를 좋아하고 소박한 전통미를 지녔지만, 화장, 옷차림, 머리관리에 신경을 쓰고 정성을 기울였다. 또한 백분, 향수, 향료를 즐겨 사용했는데 백분의 사용과 제조기술이 상당한 수준이었다. 향료를 알코올에 용해시켜서 만든 향수는 향내 나는 물질을 압착시켜서 추출하거나 향기 짙은 꽃잎을 기름에 개어서 화정유, 동식물 및 광식물을 기름에 용해시킨 향유 등이었다. 불교가 전래된 종교의 영향으로 목욕시설이 많아지고 천연재료로 만든 비누와 세제 역할을 했으며, 화장기술과 제조기술은 중구보다 우수하였고, 색조화장품으로는 색분, 연지, 눈썹화장을 할 수 있는 미묵(眉墨) 등을 사용하였다.

(3) 통일신라시대(A. D. 669~935)

통일신라는 경제생활의 안전, 당과의 문화교류 등 황금기를 맞이하면서 우리 고유의 전통문화와 중국의 문화가 융합된 문화를 이룩하였고, 경제발전의 영향으로 상하와 존귀의 구별이 없어지고 사치에 이르게 되었다. 당의 영향으로 짙고 화려한 색조화장과 백분에는 색의 색분으로 연지와 볼연지로 사용하였다. 또한 향수와 향료를 만들어 애용하였으며, 청결이 강조되어 목욕이 대중화되었다.

(4) 고려시대(918~1392)

고려는 불교가 국교로 사회와 문화에 큰 영향력을 가졌고 귀족생활, 불교미술과 연관된 분야에서 발달하였다. 고려의 화장 문화는 연지를 즐겨 사용하지 않고 분을 많이 바르고 눈썹을 넓고 길게 그렸으며, 주로 분을 사용한 재료는 곡식분말과 분꽃, 백로 등의 자연분과 납 성분의 납 분을 사용하였다. 고려시대는 청결관념이 더욱 강조되어 전신목욕이 성행하였으며, 특히 개방적이어서 남녀의 혼욕과 향 목욕이 발달하였고 난초를 넣어 삶은 물에 목욕을 하여 향내가 나도록 했다. 또한 흰 피부를 가꾸기 위한 여러 가지 미용법이 발전되었으며, 면약(面藥)이는 액상타입의 안면용 화장품을 남녀 모두 사용하였고 손과 얼굴을 부드럽고 희게 하는 피부보호제 및 미백제용으로 사용하였다. 고려시대에 봉선화를 이용해서 손톱에 물을 들이는 것을 염지갑화(染指甲花)라고 하여 부녀자와 처녀들 사이에서 유행했다는 기록이 있는 것으로 보아 천연재료를 이용한 네일아트가 존재했음을 알 수 있다.

(5) 조선시대(1392~1910)

조선시대는 불교를 배척하고 유교를 숭상하는 이념으로 유교는 점차 민중 생활 속에서 중요시하여 의례와 절차 및 내면의 아름다움이 강조되어 짙은 화장보다는 기초화장에 주력하였다. 그리고 맑은 피부를 중시하여 미안수(美顔水)를 바르고 오이나 꿀로 미안법(美顔法)을 사용했다. 선조 때에는 화장품이 제조되고 판매되었다는 기록이 있고, 일본에서 판매된 화장수 광고 문안으로 '조선의 최신제법으로 제조된 화장수'가 있는 것으로 보아 고도의 화장품이 제조되었음을 알 수 있다. 숙종(肅宗) 때 화장품 행상인 매분구가 존재했던 것으로 보아 조선시대 화장품의 생산, 판매가 산업화할 조짐으로 보일 정도로 다양하게 소비되었고 일시적이긴 하나 궁중에 화장품 생산을 전담하는 관청인 '보염서'가 설치되었다. 규합총서에는 조선여인들이 몸을 향기롭게 하는 법, 머리카락을 검고 윤기 나게 하는 법, 목욕법 등이 소개되어 있다.

(6) 개화기(1900~1970년)

개화 초기에는 일본과 중국에서 크림, 백분, 비누, 향수 등의 수입화장품이 들어오기 시작하였다. 1916년 가내 수공업 규모로 제조, 판매되었고, 1918년에는 특허국으로부터 상표등록증을 교부받은 우리나라 최초의 화장품이 되었다. 1920년에는 동아부인상회에서 연부액(미백로션)을 제조, 발매하였으며, 1922년에는 박가분(朴家粉)을 시작으로 머릿기름과 미백로션, 연향유 등이 외제 화장품의 모방형태로 출시되었으며, 1937년에는 박가분의 납성분을 제거한 서가분이 출시되었다. 조선부인약방의 '금강액'은 여드름과 주근깨, 마른버짐 등에 특효약이라고 하였다. 1940년대에는 해방 후 서양문물이 밀려들었으나 화장에 대해서는 일본의 화장품 생산 판매가 없었고, 기초 미용마사지법의 보급만이 있을 정도였다. 1950년대에는 수세미와 오이를 화장수로 만들어 사용하였으며, 각종 깨와 살구씨, 미곡 등을 미백제로 사용하였고 특히 백색 피부를 선호하여 미백용 팩이나 기름, 면약 등을 개발하였다. 그리고 기초화장에서는 콜드크림을 화장 지울 때 기초화장용, 마사지용 등 만능크림으로 사용하였다. 이로 인하여 번들거리는 화장법이 유행하였다. 1960년대 화장품 산업이 본격적으로 발전된 시기로 기초화장품의 종류가 다양화되었다. 1970년대에는 산업화와 도시화로 여성의 사회적 지위가 향상함에 따라 미용산업이 더욱 발전하였다.

(7) 현대(1980 이후~)

1980년대는 공업화 추진, 수출증대에 힘입어 경제성장을 이루어 소득의 급상화는 고소비 현상의 대두화를 만들었고 소비자의 욕구를 다양하게 만들었다. 화장품의 수입의 완전 자유화와 외국여행 등으로 상품시장이 세분화되었고, 색조화장품과 기능성화장품이 출시되어 우리나라 화장품 산업의 발전을 도모하였다. 1980년대는 피부관리 개념이 도입되어 피부 보습과 자극을 최소화하는 데 중점을 두었으며, 1980년대에는 YMCA 직업개발부와 정부의 노력으로 피부미용사 직종이 탄생되었다. 1990년대 자연 화장품 등과 더불어 피부관리법에 아로마테라피 등의 자연요법이 중요시되었다. 또한 에콜로지(Ecology)영향으로 자연스러운 색조를 사용하였으며, 2000년대에는 웰빙(Wellbeing)이 인기를 끌면서 피부건강에 초점이 맞추어졌다. 2007년에는 한국피부미용사중앙회를 사단법인으로 최초로 국가에서 승인되면서 2008년 10월에 미용사(피부)로 국가자격 시험이 실시됨에 따라 피부미용의 자격증과 더불어 2014년에는 네일미용 국가자격증 시험이 시행되었다.

TIP

시데스코(CIDESCO)

1946년 스위스 쥬리히에서 결성된 국제 피부관리협회로 1957년부터 세계에서 가장 권위 있는 단체이며, 에스테틱의 국제적인 교류와 보급, 발전을 기본이념으로 세계 각국의 관계 기술인, 학자들에 의해 구성되었고, 40개국에서 공식 인정되고 있다. 본부가 인정한 각국의 시데스쿨에서 이론 1,200시간과 실기 600시간을 이수하고, 해부생리, 피부학, 화장품성분학, 물리, 전기학, 소독 및 위생학, 영양학, 경영학, 상담학, 윤리학, 에스테틱 등의 이론개념과 실기시험은 안면관리, 전신관리, 기기관리, 제모, 매니큐어, 스페셜 관리 등으로 실시된다.

ITEC(아이텍)

영국국가 자격 과정이면서 세계최대 피부미용 시험기관으로 피부미용의 아로마, 안면전기미용관리, 전신전기미용관리, 홀리스틱, 뷰티스페셜리스트, 네일, 메이크업 등 세분화된 과정으로 시험을 이론과 실기를 실시하여 국제 뷰티테라피스트 자격이 주어지는 과정으로 2007년도에 우리나라에 처음으로 도입되어 세분화된 자격시험이 실시되고 있다.

[출처: 피부미용학(김춘자), 훈민사, p34]

3. 피부 관리의 영역

1) 피부 관리실의 환경

피부 관리 서비스를 서비스 스케이프(service scape) 또는 물리적 환경이라 하며 크게 피부 관리실의 이용시설에 대한 공간의 접근성, 내·외부 인테리어의 심미성, 관리실의 사용에 대한 청결성, 관리실 안 공간의 쾌적함에 대한 쾌적성으로 나누었다.

(1) 공간의 접근성
공간의 접근성은 테이블, 의자, 장비, 통로의 배치, 시설이용의 편이성을 의미한다.
① 관리실은 찾기 쉬운 곳에 위치하도록 한다.
② 관리실의 주차, 교통시설이 잘 되어 있어야 한다.
③ 관리실의 파우더룸, 상담실은 잘 되어 있어야 한다.
④ 피부 관리실은 내가 원하는 룸(화장실, 파우더룸, 관리실)으로 쉽게 이동이 가능하다.

(2) 심미성
건축물 안의 외관, 내관의 인테리어, 장식의 기능, 색상, 소재를 의미한다.
① 관리실의 외관, 내관의 인테리어(색상, 기능, 소재 등)을 잘 고려한다.
② 관리실의 조명은 75Lux 이상을 유지해야 한다.
③ 관리실의 천장의 높이는 2.5~3m 이하를 유지한다.
④ 관리실의 조명은 고객 눈의 피로를 감소시킬 수 있는 간접조명을 권장한다.
⑤ 각각의 관리실은 고객이 관리를 받는 동안 소란하지 않도록 방음벽이 설치되어야 한다.

⑥ 관리실의 바닥은 청소가 가능한 내수재 바닥재질의 재료를 권장한다.

(3) 청결성
　화장실은 깨끗한지, 탈의실은 깨끗한지, 고객을 관리해주는 제품을 깨끗한지에 대한 구체적인 평가가 필요한 부분이다.
① 관리실의 입구, 화장실, 파우더룸, 상담실의 위생이 철저히 관리되어야 한다.
② 고객이 오기 전에 제품 관리가 잘 되어 있어야 한다.
③ 고객이 오기 전에 베드 위의 타올이 위생적이어야 한다.

(4) 쾌적성
　관리실 안의 온도, 습도, 관리실과의 연결성 있는 배경음악과 관련된 부분을 의미한다. 관리실은 고객을 위한 공간으로 관리를 받을 수 있는 최적의 상태를 유지시켜야 한다.
① 관리실의 온도, 습도는 철저히 관리되어야 한다.
② 관리실에서 관리를 받는 고객이 편안히 관리를 받을 수 있는 배경음악이 자연스러워야 한다.
③ 관리실의 환풍 시설이 잘 되어야 한다.
④ 관리실의 난방 시설이 잘 되어야 한다.

2) 피부 관리사의 조건

　피부 관리사는 고객과 서비스 제공자가 접촉하는 과정에서 이루어지는 서비스의 총체로서 종사원의 전문적 능력, 고객에 대한 태도, 용모의 단정함, 고객에 대한 친절, 종사원 위생 등을 포함한다. 인적 서비스는 고객접점에서 일어날 수 있는 문제를 부드럽게 해결할 수 있는 방법이며, 상호 의사전달의 방법이기도 하다. 피부 관리사의 조건은 고객에 대한 친절성, 서비스 본질에 대한 전문성, 제품 및 시설에 대한 위생성, 관리사의 테크닉에 대한 기술성으로 5가지로 나누었다.

(1) 친절성

　피부 관리사는 고객을 위한 언어와 몸짓을 구사해야 하며, 고객의 요구를 이해하고 경청하도록 한다.
① 관리사는 고객과의 약속(관리시간, 요구에 대한 사항 등)을 잘 지켜야 한다.
② 관리사는 고객에게 관리에 대해서 친절하게 대응해야 한다.
③ 관리사는 고객이 관리받는데 있어 정중해야 한다.
④ 관리사는 고객을 잘 이해해야 한다.

(2) 전문성

　피부 관리사는 고객의 질문에 정확하게 답변해야 하며, 정확한 지식을 가지고 차근히 설명하는 능력을 가져야 한다. 이를 전문성이라 하며, 전문성은 부단한 노력으로 전문가스러움을 갖추어야 하며, 고객을 설득하지 말며, 항상 자세하게 메고하여 주도록 한다.
① 관리사는 고객의 문제점(피부문제점, 체형관리 등) 등을 친절히 응대해준다.
② 관리사는 고객에게 관리에 대해서 친절하게 대응해야 한다.
③ 관리사는 고객이 관리 받는데 있어 정중해야 한다.
④ 관리사는 고객을 잘 이해해야 한다.

(3) 위생성

　피부 관리사는 위생과 관리방법에 대한 교육이 철저해야 하며, 위생성은 공중위생법규의 부분으로 피부 관리사는 위생교육을 받아야 한다고 제시되어 있다.
① 관리사는 관리실의 환경위생, 기기, 제품, 비품 등의 위생을 철저히 한다.

② 관리사는 개인위생(관리복, 신발 등), 구강상태(구취) 등의 위생을 철저히 한다.
③ 관리사는 관리복의 색상을 화려하지 않는 것을 선택한다.
④ 관리사의 손톱은 짧아야 하며, 관리사의 메이크업은 화려하지 않도록 한다.

4. 피부 분석 및 상담

1) 상담의 정의

고객의 피부 유형을 정확한 데이터(피부분석 챠트) 등을 이용하여 판별할 수 있도록 하는 것이다.

2) 피부 상담의 내용

(1) 처음 고객의 문제점에 대해 얼마나 알고 있나 말할 수 있는 시간을 갖는다.
(2) 피부 분석을 통하여 고객에 대한 정확한 정보를 전달해주도록 한다.
(3) 피부 관리실의 프로그램과 관리방향에 대해서 알려준다.
(4) 관리 후에 고객이 앞으로 관리할 수 있는 방안에 대해 설명하여준다.

3) 피부 분석의 방법

(1) **문진:** 질의응답에 의한 방법, 고객의 병력, 가족사항, 연령, 성격, 직업 등에 대한 답변을 받도록 한다.
(2) **촉진:** 손의 감각을 이용하여 판별하는 방법으로 부드러움, 조직의 두께, 유분의 함량, 민감도 등을 측정하는 방법이다.

(3) **견진:** 육안으로 피부상태 등을 판별하는 방법 피부색, 피지분비, 피부의 두께, 예민도, 색소침착, 여드름. 특히 색소결핍피부, 모세혈관 확장피부 등의 판독에 사용할 수 있다.

(4) **패치테스트:** 화장품의 알러지 반응을 알기위해 팔꿈치 안쪽이나 목 뒤쪽 부위에 화장품을 바르고 48~72시간 정도 붙여놓고 관찰하는 방법이다.

(5) **예민도 검사:** 터치 블랜딩이라고도 한다. 피부를 살짝 긁어보아 핑크색이 빠른 시간에 올라오는 현상을 보고 판단을 하는 방법이다.

(6) **기기를 이용하는 방법:** 우드램프, pH측정기, 확대경, 유·수분 측정기, 스킨 스캐너(스킨 스코프) 등의 방법 등이 있다.

4) 피부 분석 시 주의 사항

(1) **외적인 영향:** 계절, 자외선, 운동 상태, 생활 습관 등에 의한 변화를 주의해야 한다.

(2) **내적인 영향:** 영양 상태, 건강 상태 등에 의한 변화를 주의해야 한다.

(3) **유전요인:** 병력(가족력)에 의한 변화를 주의해야 한다.

(4) **피부 접촉염:** 알레르겐에 의한 변화, 화학적 물질(방부제, 색소, 향 등)에 의한 변화, 기기에 의한 변화를 주의해야 한다.

5. 클렌징

1) 클렌징의 목적 및 효과

(1) 클렌징의 효과

① 피부의 피지, 메이크업 잔여물, 먼지 등을 없애고 피부를 청결히한다.
② 죽은 각질층을 제거하여 피부를 부드럽게 한다.
③ 신진대사를 촉진시켜 화장품 흡수율을 높이는 효과를 준다.

(2) 클렌징의 구분

① 1차 클렌징
 ○ 포인트 리무버
② 2차 클렌징
 ○ 안면 클렌징
③ 3차 클렌징
 ○ 스킨 토너 사용
 : 수렴화장수-수분공급, pH조절, 피부결 정돈

2) 클렌징의 제품의 종류

(1) 포인트 리무버: 눈과 입술위의 메이크업을 제거한다. 전용 클렌징으로 부드럽게 제거한다.

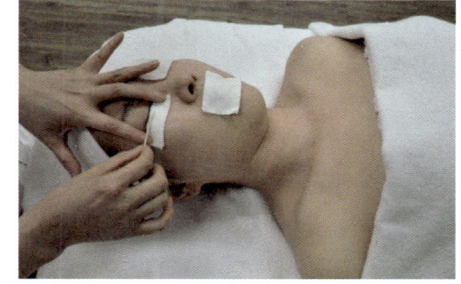

① 마스카라: 면봉을 이용하여 눈썹뿌리에서 바깥방향으로 지운다.
② 아이새도: 눈 안쪽에서 바깥방향으로 지운다.
③ 입술: 입술바깥방향에서 입술안쪽으로 지운다.(위, 아래 순서로 지운다.)

(2) 클렌징 폼: 우수한 세정력을 갖고 있으며 물과 함께 사용하여 거품을 이용하여

피부를 촉촉하게 유지시켜준다.

(3) 클렌징 젤: 수성타입으로 유분이 전혀 없는 젤타입의 제품이다. 지, 복합성에 사용한다.

(4) 클렌징 로션: 수성타입으로 모든 피부에 적용되는 제품이다.

(5) 클렌징 크림: 유성타입으로 짙은 화장 후나 건성피부, 노화피부에 적용되는 제품이다. 수성타입으로 건조한 피부에 사용한다.

(6) 클렌징 오일: 유성타입으로 건조한 피부후의 촉촉함을 원하거나 피부에 윤택이 없는 노화피부에 적합한 제품이다.

> **TIP**
>
> **클렌징 제품의 조건**
> ① 클렌징이 잘 되어야 한다.
> ② 피부의 피지막을 파괴해서는 안 된다.
> ③ 피부 유형에 맞아야 한다.
> ④ 피부표면을 상하지 않게 해야 한다.

6. 딥클렌징

1) 딥클렌징의 목적 및 효과

(1) 클렌징 후의 노폐물과 메이크업 잔여물 제거한다.

(2) 불필요한 피지와 각질 등의 노폐물의 제거한다.

(3) 다음 단계의 흡수를 용이하게 한다.

2) 딥클렌징의 제품

(1) 물리적 제품

① 스크럽(Scrup)
  ㉠ 문지르다, 비벼내다의 뜻으로 엑스폴리앙(exfolian)이다.
  ㉡ 식물의 씨앗이나 아몬드씨, 살구씨, 조개 등을 사용한다.

② 고마쥐
  ㉠ 프랑스 어로 '지우개' 라는 뜻을 의미한다.
  ㉡ 크림타입으로 되어 있고 얼굴에 바르고 건조 후 각질과 제품이 밀착되면 근육의 방향으로 밀어낸다.
  ㉢ 표피를 고정시키고 2지와 3지를 이용하여 밀어낸다.

(2) 화학적 제품

① A.H.A(Alpha hydroxy acid)
  ㉠ 여러 종류(사과, 포도, 우유, 사탕수수, 귤, 오렌지 등)에서 추출하여 사용한다.
  ㉡ 크림, 에센스 타입으로 도포 후에 피부의 자극을 줄이기 위한 진정 작용을 가한다.

② 효소(Enzyme peeling)
  ㉠ 단백질 분해효소이다.
  ㉡ 파인애플 추출 성분인 브로멜라민, 파파야에서 추출되는 파파인성분으로 분말도 되어 있다.

ⓒ 효소를 사용 시에는 주로 스티머(온도 38~40도)를 이용하여 제거한다.

③ B.H.A(Blpha hydroxy acid)

㉠ 버드나무에서 추출한다. 살리실산이라고도 부른다.

㉡ 모공 속 피지와 노폐물 제거에 효과적이다.

㉢ 여드름, 지성피부에 적당하다.

> **TIP**
>
> ### A.H.A(Alpha hydroxy acid)의 종류
>
> | 이름 | 영문 | 함유성분 |
> |---|---|---|
> | 사과산 | Malic acid | 사과, 복숭아 등에 함유 |
> | 구연산 | Citatic acid | 오렌지, 귤, 레몬 등에 함유 |
> | 주석산 | Tartaric acid | 신포도에 함유 |
> | 젖산 | Latic acid | 쉰우유, 유제품에 함유, 천연보습인자의 하나 |
> | 글리콜산 | Glycolic acid | 사탕수수에 함유 |
> | 피틴산 | Phytic acid | 곡물에서 추출한 성분 함유 |
>
> ※ 화장품에 사용되는 AHA의 농도는 pH 3.5 이상과 10% 이하로 사용하고 있다.
>
> ### 딥클렌징의 주의사항
>
> ① 건성피부는 주 1~2회를 사용한다.
>
> ② 지성피부는 주 2~3회를 사용한다.
>
> ③ 화농성피부, 모세혈관 확장피부 등의 혈관이상 피부시에는 주의해서 사용한다.
>
> ④ 피임약 복용시 주의하여 사용한다.
>
> ⑤ 여드름 제제(아큐탄, 이소트레티노인 등의 성분)를 복용시 사용을 금한다.

습포의 사용 효과

온습포	냉습포
① 혈액 순환의 촉진 ② 모공의 확장으로 인한 노폐물 배출 및 제거 ③ 각질제거 ④ 피부 온열 효과로 인한 이완 효과	① 부종 완화 ② 혈관 수축 ③ 모공 수축으로 인한 피부의 안정감 및 마무리 효과

7. 피부유형별 화장품 도포

1) 화장품 도포의 목적

(1) 목적 및 효과
① 화장품을 인체에 사용함으로써 청결, 미화하여 매력을 더하고 용모를 아름답게 변화시키거나 피부, 모발의 건강을 유지 또는 증진시키기 위해 사용된다.
② 유, 수분의 균형을 맞춰준다.
③ 피부를 햇빛이나 외부적 자극으로부터 피부를 보호한다.
④ 혈액순환을 도와 피부 대사를 원활히한다.

2) 피부 유형별 관리 및 화장품 사용

(1) 정상피부
① 피지선의 기능의 정상화로 인해 피지량이 정상적이다.
② 모공의 크기가 적당하며, 각질층이 변화가 크게 없다.

③ 유, 수분의 공급이 적당하며 색소침착으로 인한 피부 손상이 적다.
④ 정상피부를 위한 관리로는 지속적인 피부 관리를 해주며 피부의 적당한 영양공급을 한다.

※ 클렌징 로션, 딥 클렌징은 모두가 가능, 일반 에센스, 보습, 청결위주의 팩을 사용한다.

(2) 건성피부(Dry skin)
① 피지선의 기능의 저하로 인해 피지량이 적다.
② 모공의 크기가 작으며, 유, 수분이 부족하다.
③ 한선과 한공의 차이가 작으며, 피부결이 촘촘하다.
④ 각질층이 얇고 색소침착이 많다.
⑤ 시간이 지나면 메이크업이 들뜨고 피부가 건조하다.
⑥ 건성피부를 위한 관리로는 유, 수분의 부족으로 유분과 수분을 공급하여 피부의 균형을 맞추어 준다.
⑦ 알코올이 함유된 제품의 사용을 금한다.

※ 클렌징 크림, 오일사용, 효소, 고마쥐를 사용. 유·수분 에센스, 보습, 영양을 위한 팩 사용 크림, 시트 마스크를 사용한다.

(3) 지성피부(Oliy skin)
① 피지선의 기능의 항진으로 피지량이 많다.
② 모공의 크기가 크며, 각질층이 두껍다.
③ 한선과 한공의 차이가 크며, 피부결이 거칠다.
④ 화장이 들뜨며, 시간이 지나면 번들거린다.
⑤ 지성 피부를 위한 관리로는 피지의 조절과 모공관리의 제품을 사용한다.
⑥ 지성용 화장품으로는 바니싱 크림을 사용한다.

※ 클렌징 젤, 효소, 스크럽, AHA 사용 수분공급, 피지조절 에센스, 항염, 고무, 머드팩을 사용한다.

(4) 복합성 피부(Combination Skin)
① 피지선과 한선의 기능의 불균형으로 피지량이 불균형하다.
② 한선과 모공의 차이가 크며, 두 가지 이상의 피부유형을 가지고 있다.
③ 복합성 피부 관리를 위한 관리로는 T존 부위는 수렴화장수로 피지조절, U존 부위는 보습공급의 화장품을 사용한다.

※ 클렌징 로션, 클렌징 젤, 효소, AHA, 유, 수분에센스 사용. 각 부위에 따른 팩을 사용한다.

(5) 민감성 피부(Sensitive Skin)
① 피지선의 기능의 저하로 인해 피지량이 적다.
② 피부표면이 쉽게 붉어지고 스트레스, 외부자극에 의해 발적의 반응이 일어난다.
③ 민감성 피부를 위한 관리로는 진정, 보습라인의 제품을 사용한다.
④ 피부의 환경, 온도에 따른 관리에 주의한다.

※ 클렌징 로션, 효소, 수분, 진정용의 에센스 사용, 진정, 보습의 팩을 사용한다.

> **TIP**
>
> **1. 민감성 피부의 원인**
>
> **알레르겐(자극원)의 종류에 따라**
>
> ① 화장품: 벤조페놀옥사이드, 건성 알코올, 방부제, 향, 하이드로퀴논, AHA, 살리실산 등
> ② 과도한 클렌징: 과도한 클렌징으로 인한 특정 부위의 손상
> ③ 과도한 자외선: 자외선으로 인한 붉음증
> ④ 화학 약품: 주방 세제, 휘발성 용액, 중금속으로 인한 손상
>
> **2. 민감성 피부의 종류에 따른 특징**
>
> **모세혈관 확장피부(telangiectasis)**
>
> ① 모세혈관이 눈으로 두드러지게 확장되어 나타남
> ② 발병부위는 얼굴, 팔 다리의 안쪽, 손, 광대 부위 두드러지게 나타남
>
> **홍조증(Flush)**
>
> ① 얼굴 중앙부위가 지속적으로 붉어지는 현상
> ② 일시적 현상으로 식사, 기온, 감정 변화로 인해 얼굴이 붉어짐
>
> **주사(Rosacia)**
>
> ① 유전적 질환, 발적, 구진이나 농포로 북유럽이나 서유럽과 같은 밝은 피부타입에서 발생(30대~40대)하여 나타남
> ② 붉어진 코와 뺨 위쪽의 발적되며, 매운 음식, 알코올, 열태양, 운동에 의해 발생함

(6) 여드름 피부(Acne Skin)

① 정의

㉠ 심상성 좌창 또는 좌창, Steroid 좌창이라고 부르며. 모낭과 피지선 여드균이 (P.acne)이 감염되어 만성적인 염증을 일으키는 질환이다.

㉡ 털 피지선 샘 단위의 만성 염증질환으로 면포(모낭 속에 고여 딱딱해진 피지), 구진(1cm 미만의 크기의 솟아 오른 피부병변), 고름물집, 결절, 거짓낭 등 다양한 피부 변화 각 나타나며, 이에 따른 후유증으로 오목한 흉터 또는 확대된 흉터를 남기기도 한다.

② 발생기 전

호르몬의 변화 등→피지분비 촉진→모공 속 각질의 비후현상→Microcomedo 형성→P.acne 과다증식→Mature comedo 발생→화농성 여드름(농포, 흉터생성)으로 발전한다.

③ 증상

경증의 궤양, 동통, 소양증. 병소는 안면, 목, 상부가슴, 등, 어깨 등. 초기에는 폐쇄성 면포나 흑색점으로 나타나는 개방성면포를 보이고 때로는 염증이 진행되어 적색 구진이 나타나고 손조작으로 2차 세균감염이 되어 농포성 구진이 형성되면 심하면 낭종으로 악화된다.

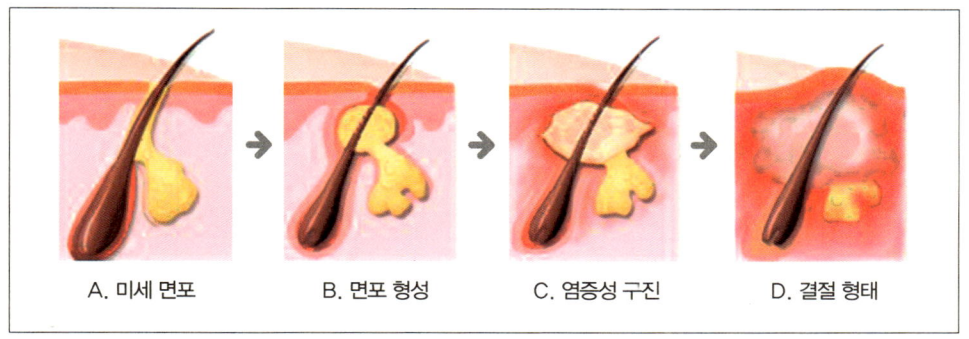

A. 미세 면포   B. 면포 형성   C. 염증성 구진   D. 결절 형태

[그림 여드름 피부 단계 변화]

④ 여드름의 종류

㉠ 신생아 여드름

태반을 통해 산모로부터 전달된 호르몬인 프로게스테론(progesterone, 난소 안에 있는 황체에서 분비되어 생식주기에 영향을 주는 여성호르몬)에 의해 주로 신생아 시기의 코, 뺨, 이마 등에 나타난다. 이것은 일시적이며 저절로 없어지므로 치료를 할 필요는 없다.

㉡ 소아 여드름

남녀 모두에서 주로 얼굴 중앙부에 병변이 나타난다.

㉢ 사춘기 여드름

심상성 여드름이며, 성호르몬의 분비로 인해 사춘기에 전형적인 여드름이 나타나기 시작하며, 주로 얼굴, 몸, 특히 앞가슴 등에 염증성, 비염증성 병변이 발생한다.

㉣ 성인여드름

성인 여드름은 사춘기 여드름과는 달리 주로 남성에 3배 이상 빈번히 나타나며, 염증성 병변이 많다. 사춘기 여드름과는 달리 턱과 입 주위에 더 많이 발생한다. 계절에 관계 없이 발생하며, 악화 요인으로는 스트레스, 약물, 기름기가 많은 음식, 담배, 호르몬 변동, 피임약, 임신, 수유, 폐경 등의 이유로 발생한다.

㉤ 월경전 여드름

월경 전 8~10일 전 발적이 시작된다. 주로 염증의 증가부위는(모낭주위염), 목, 얼굴, 턱선, 얼굴부위, 크기가 작다.

㉥ 화장품으로 인한 여드름

피부 연화성분: 지방산, 지방 알코올, 왁스, 지방산, 에스테르가 모낭을 자극한다. 모이스처, 선스크린, 세럼의 사용으로 인해 여드름이 발생한다.

㉦ 약물성 여드름

특정 약을 오래도록 복용할 경우 여드름이 발생하는데 독물성 여드름이 이 종류에 포함되며, 공장의 염소화합물이나 타르의 사용인 경우 심하게 발생한다.

㉧ 기계적 여드름

직업적인 특성에 의한 헬멧, 전화기 등에 의한 피부자극으로 인한 여드름이 발생한다.

⑤ 여드름의 관리
　㉠ 모든 면포성 제품을 제거한다.
　㉡ 오일을 조절한다.
　㉢ 면포제거와 예방을 위한 모낭 각질 제거제의 사용한다.
　㉣ 케라틴 용해: 글리콜릭과 락트산을 포함한 AHA 제품을 사용한다.
　㉤ 피부를 자극하지 않는다. 과다 클렌징, 박피는 금한다.
　㉥ 환경적 악화요인으로 열과 습도 또한 여드름의 유발요소가 될 수 있다.
　㉦ 스트레스를 감소를 위한 규칙적인 운동, 비면포성 썬스크린을 사용한다.
　㉧ 홈케어를 이용한 여드름 관리를 꾸준히 한다.

※ 아침: 포밍 클렌져, 비알코올성, 비각질성 토너(수딩성분의 토너, 카모마일 등), AHA 제거 젤을 바른 후 썬스크린 바름. (전문 각질 용해제 사용) 데이크림, 아이크림
※ 저녁: 클렌징 밀크(지성 여드름으로 디자인된 비오일성 사용), 토너, AHA젤, 비면포성 수화젤, 아이크림, 머드계열 마스크 일주일에 1~2번 사용

TIP

상태	주요병변	특징
비염증성	여드름초기 Micro-comedo	피지의 과잉분비로 피지막이 정상보다 두꺼워져 모공이 막히기 직전의 단계.
염증성	흰색여드름 Whitehead	모낭이 폐쇄된 면포 피부표면에 하얗게 돋아난 알갱이로 주로 빰과 이마에 남. 각질과 피지가 정체되어 생성.
	검은여드름 Blackhead	약한 증상. 피부표면으로 올라와 입구가 열려 있는 개방성면포. 멜라닌 색소의 침착과 피지의 산화로 검은 점.
	구진 Papule	장기적으로 지속, 압통을 동반하는 경미한 염증. 비염증성과 염증성의 중간 형태. 색조는 붉지만 농은 없다.
	농포 Pustules	모낭 벽이 파괴된 후 진피내로 고름 상태. 구진 및 면포주위에 호발. 농을 포함하나 박테리아 등 세균은 없음.
	낭포 Cyst	모낭의 염증이 진피에서 파괴되어 넓고 깊게 부풀어오르면서 딱딱하고 단단한 덩어리를 형성. 심한 화농. 치료 어려움.
	결절 Nodule	고름이 심해져 모낭 아래부분이 파열된 상태. 피부 깊숙히 위치해 통증 동반.

(7) 색소침착 피부(Hyperpigmentation)

① 정의

㉠ 기저층의 멜라닌 색소는 표피의 기저층에 존재하는 멜라닌 세포(Melanocyte) 내에서 그 구성성분인 티로신(Tyrosine)에 티로시나아제(Tyrosinase)란 효소가 작용하므로써 만들어진다.

㉡ 티로시나아제에 의해 티로신이 산화되어 도파(DOPA)가 만들어지며 최종적으로 멜라닌 색소가 만들어지며, 이로 인해 자외선을 받은 피부는 흑갈색의 색을 띠게 된다.

② 발생기 전

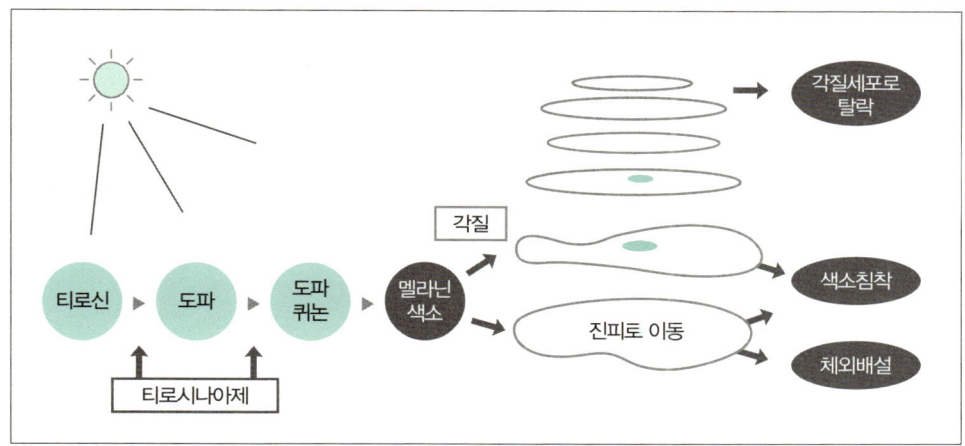

③ 증상
  ㉠ 색소 침착 피부 관리로는 피부의 건조성으로 인한 자외선이나 환경으로부터의 보호하기 위한 제품을 사용한다.
  ㉡ 피부 투명도를 위한 제품을 사용한다.
  ※ 클렌징 로션, 클렌징 크림, 딥클렌징 고마쥐, 효소, 미백관련 팩을 사용한다.

(8) 노화피부(Aging Skin)

① 정의
  노화는 크게 내재적 노화와 외재적 노화로 나뉘어진다. 내재적 노화는 신진대사의 변화 및 유전적인 원인 등에 의한 노화를 말하며, 외재적 노화는 자외선에 의한 손실 및 활성산소의 증가 등의 노화를 포함한다.
  ㉠ 내재적 노화(intrinsic Aging)
    · 유전
    Rhytids : 주름의 의학용어, 태양노출에 의함.

Expression line(표정선) : 웃음선, 까마귀, 접힌 부분은 근육의 움직임으로부터 형성됨
- 중력에 의한 탄력저하
- 탄력섬유종(탄력성이 감소)

ⓒ 외재적 노화
- 태양으로 인한 손상(Sun Damage) : 혈관과 세포의 파괴, 콜라겐, 히아루른산, 기저 물질 파괴. 일사성 피부염(deratoheliosis)발생
- 자유라디칼(활성산소량 증가)
- 장기손상: 태양으로 인한 주름, 탄력섬유증, 색소침착질환, 두꺼워짐. 피부암
- 단기손상: 대식세포를 내쫓아 냄

② 발생기 전

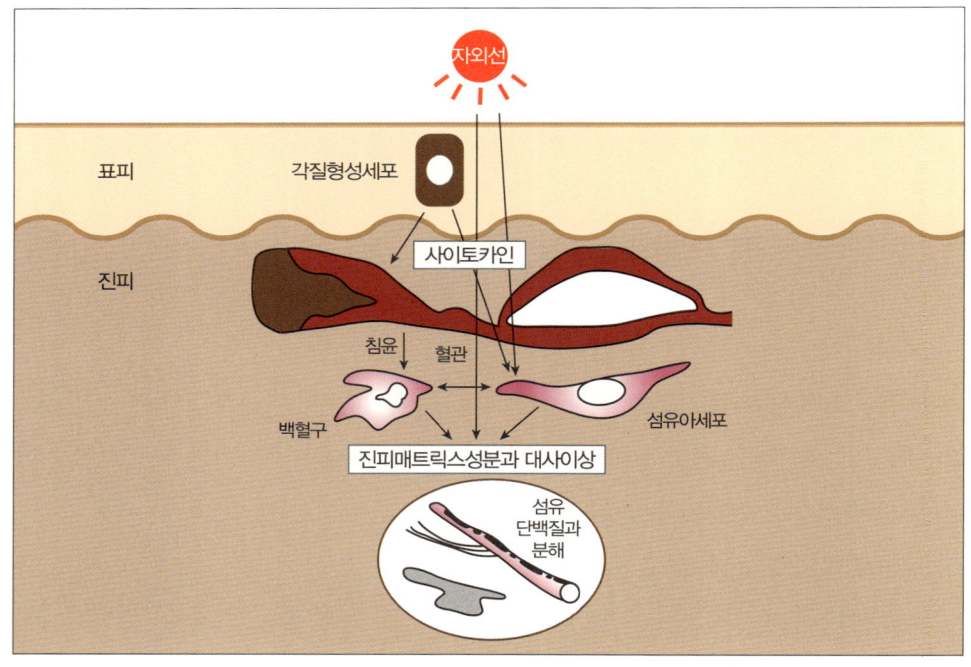

[그림 광노화]

③ 증상(조직변화와 생화학적 이상)
　㉠ 표피두께 감소-각질형성세포의 분열 감소한다.
　㉡ 표피 진피 경계면의 굴곡소실이 생긴다.
　㉢ 멜라닌 세포의 변화가 발생한다.
　　· 자연노화: 멜라닌 색소 감소
　　· 광노화: 멜라닌 색소 증가
　㉣ 랑게르한스 세포 수가 감소한다.
　　· 면역기능감소
　　· 염증반응감소
　　· 피부암발병률 증가
　㉤ 콜라겐섬유 감소: 굵기 감소, 엉성해짐, 공간 많아진다.
　㉥ 탄력섬유의 변성이 생긴다.
　　· 탄력섬유: 휘브릴린(섬유소)+엘라스틴 단백질
　　· 자연노화: 휘브릴린 감소, 엘라스틴 합성 감소
　　· 광노화: 휘브릴린 감소, 엘라스틴 합성 증가 → 일광 탄력증
　㉦ 글리코스아미노글리칸(GAG)감소한다.
　㉧ 피부혈액 공급이 감소한다.
　㉨ 지방층 소실과 지방합성 감소한다.
　　· 아디포넥틴: 노화억제물질
　　· 렙틴: 식욕억제물질

③ 연령에 따른 노화의 특징
　㉠ 20대 (The Twenties)
　　· 콜라겐 1%씩 감소(20대 중반 후부터)한다.
　　· 브라우토시스(browtosis)라 한다.

- 헤르니아 (한 부위에서 다른 부위로 튀어나오는것)가 일어난다.
- 아이배그(eye bag), 팻 포켓(fat pocket)이 생성된다.

ⓒ 30대(The Thirties)
- 30대 중력으로 인해 피부가 처진다.
- 태양으로 인한 손상이 가속화된다.

ⓒ 40대(The Forties)
- 탄력섬유종이 형성된다.
- 자룰리스(jowls) : 턱라인까지 늘어진다.

ⓔ 폐경기(Menopause)
- 에스트로겐의 감소되며, 피부 탄력이 감소하고 피부가 가렵다.
- 에스트로겐 : 콜라겐 재생, 세포간 지질 생산
- 에스트로겐의 감소 : 모낭의 분비유

ⓜ 50대(The Fifties)
- 형태학적 변화가 일어난다.
- 남성<여성의 변화가 일어난다.
- 피하지방의 손실로 피부가 얇아진다.

ⓗ 진피의 피부상태 : 탄력성 상실, 주름(콜라겐, 엘라스틴의 교체 비율 감소)

ⓢ 표피의 피부상태 : 탄력섬유종, 주름, 건조, 탈수 자극성이나 알레르기 물질에 민감

④ 노화 관리
 ⓐ 노화 피부관리로는 피부의 신진대사의 둔화로 인한 피부 칙칙함과 투명도를 개선시킬 수 있는 제품을 사용한다.
 ⓑ 자외선 차단제와, 유, 수분공급을 충분히 해준다.
 ※ 클렌징 오일, 클렌징 크림, 효소, AHA, 스크럽, 유, 수분공급의 에센스, 보습,

영양 공급의 콜라겐마스크, 모델링마스크 사용한다.

(9) 아토피피부(Atopy Skin)

① 정의

 아토피피부은 일반적으로 유아기 혹은 소아기에서 초발하는 만성 재발성 피부질환으로 유아기에는 어굴과 사지의 폄쪽의 피부염(습진)으로 관찰되나 성장하면서 특징적으로 팔오금(antecubital fossa)과 오금(popliteal fossa)같은 신체의 굽힘쪽의 습진의 형태로 관찰된다.

② 발생기 전

 흔히 혈청 내에 IgE 가 증가되어 있고, 성장하면서 호흡기 아토피질환인 알레르기 비염이나 천식을 동반한다.

③ 증상

 아토피는 행진이라고도 한다. 크게 피부염, 비염, 천식으로 나타난다.
  ㉠ 피부염-피부장벽기능의 저하로 인한 소양증, 각질의 변형 외에도 2차 감염 우려
  ㉡ 비염-알레르겐에 의한 콧속 점막의 기능 저하
  ㉢ 천식-알레르겐에 의한 호흡기 기능 저하

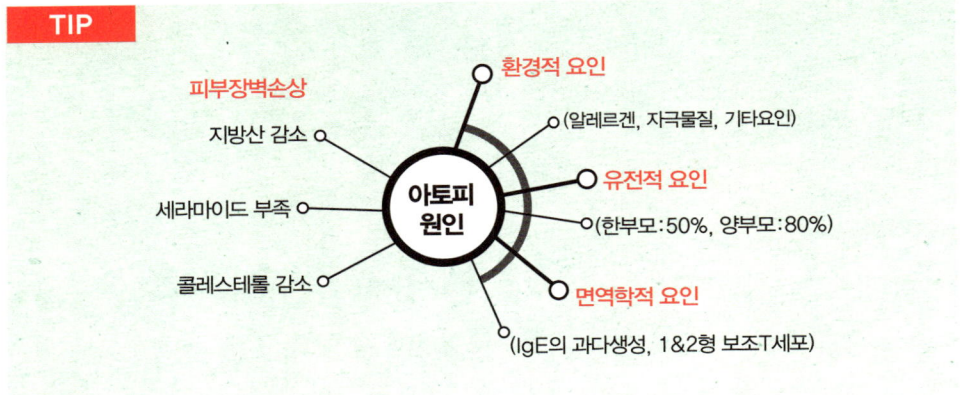

8. 매뉴얼테크닉(Massage)

1) 매뉴얼테크닉의 목적 및 효과

매뉴얼테크닉은 신진대사의 원활한 활동을 통한 피부의 이완을 목적으로 한다.

(1) 마사지의 어원

두드리다, 어루만지다의 뜻. 아랍어 'Massa'와 손이라는 라틴어 'Manus', 주무르다의 뜻의 그리스어 프랑스어 'Masser' 등에서 유래되었다.

(2) 마사지의 목적
① 인체의 생리적, 물리적, 심리적상태와 신진대사를 균형있게 하여 피부노화를 지연시킴
② 피부를 정상으로 유지하고 관리
③ 피로감 해소, 스트레스경감, 근육의 이완

(3) 매뉴얼테크닉 효과
① 조직의 노폐물을 제거하여 피부의 청정작용을 한다.
② 림프와 혈액순환 촉진으로 신진대사를 증진시킨다.
③ 긴장과 근육의 이완효과를 준다.
④ 피부조직의 긴장과 탄력성을 증가시켜준다.
⑤ 기분상승 등 심리적 안정을 가져오며, 신경을 진정시켜 긴장감을 풀어준다.
⑥ 마사지 후의 피부 관리를 하려는 화장품의 흡수를 도와준다.

2) 매뉴얼테크닉의 요건

(1) 방향(Direction)
(2) 속도와 리듬(Rate&Rhythm)
(3) 압력(Pressure)
(4) 시간(Ouration)
(5) 자세(Position)
(6) 매개체(Media)

3) 매뉴얼테크닉의 종류

(1) 쓰다듬기(effleurage): 경찰법
손바닥의 전체를 사용하여 마사지의 처음과 끝에 실행하는 방법이다.
① 방법
- 손바닥 전체를 사용하여 부드럽고, 가볍게 사용한다.
- 손의 힘을 빼고 자연스럽게 몸을 쓰다듬는다.

② 효과
- 신진대사를 원활히해준다.
- 혈액순환을 도와 피부의 혈색을 증가시킨다.
- 림프순환을 도와 순환의 흐름을 증가시킨다.
- 피부의 트러블을 진정시킨다.

(2) 문지르기(friction, rubbing): 강찰법
손가락을 사용하여 약간의 압을 사용하여 피부결 방향으로 원을 그려 피부의 피부의 피지선을 자극한다.
① 방법
- 손가락을 4지를 사용하여 피부의 자극을 준다.
- 피부의 결 방향으로 원을 그리며 피지선을 자극하는 데 도움을 준다.
② 효과
- 신진대사를 원활히해준다.
- 혈액순환을 도와 피부의 혈색을 증가시킨다.
- 피부의 탄력을 증가하여 혈색을 증가시킨다.
- 피부의 자극을 주어 노폐물을 배출시킨다.

(3) 반죽하기(petricssage): 유연법
손가락을 이용하여 근육을 들었다 놓았다 반죽하듯이 반복하여 피부 근육에 사용한다. 유날법 또는 유찰법이라 한다.
① 방법
- 손가락 2지를 사용하여 피부의 자극을 준다.
- 피부의 근육을 들었다 놓았다 하며 피부에 자극을 준다.
② 효과

· 신진대사를 원활히 해준다.
· 혈액순환을 도와 피부의 혈색을 증가시킨다.
· 피부의 탄력을 증가하여 혈색을 증가시킨다.
· 근육의 경직을 풀어주며 이완으로 인한 순환을 증가시킨다.

(4) 두드리기(tapointoment): 고타법

손가락을 이용하여 피부의 가볍게 자극을 주어 활력과 생기를 불어넣기 위해 사용한다. 두드리는 방법은 손의 사용부위에 따라 주먹으로 두드리는 방법, 손가락 측면으로 두드리는 방법, 손을 모아 두드리는 방법 등으로 사용된다.

① 방법
· 주먹으로 두드리기(beating)
· 손가락 측면으로 두드리기(hacking)
· 손바닥을 오므리고 두드리기(cupping)

② 효과
· 신진대사를 원활히해준다.
· 혈액순환을 도와 피부의 혈색을 증가시킨다.
· 피부의 탄력을 증가하여 혈색을 증가시킨다.
· 자유신경을 자극한다.

(5) 진동하기(vbration): 진동법

손가락의 측면을 부드럽게 리드미컬하게 사용하여 피부에 자극을 주며, 피부의 사용부위를 정하여 탄력을 증가시키는 것으로 사용된다.

① 방법
· 손가락 측면을 사용하여 부드럽게 자극한다.
· 피부에 전체적으로 진동을 가하여 근육의 이완을 시켜준다.

② 효과
- 신진대사를 원활히해준다.
- 혈액순환을 도와 피부의 혈색을 개선시킨다.
- 피부의 탄력을 증가하여 혈색을 개선시킨다.

(6) 자켓마사지

Dr. jacquet에 의해 고안된 방법으로 손가락을 사용하여 피지를 뽑아내거나 피부의 강한 자극을 가함으로 인해 피부의 탄력을 증가시킨다.

> **TIP**
>
> | 기본동작 | | 효과 | 방법 | 종류 |
> |---|---|---|---|---|
> | 쓰다듬기 (effleurage) | 무찰법 경찰법 | ① 모세혈관확장, 림프순환 촉진 ② 피부를 진정 | ① 시작과 끝에 사용함 | |
> | 문지르기 (friction) | 마찰법 강찰법 | ① 혈액순환 촉진 ② 근육 이완시킴 ③ 피지선을 자극하여 노폐물을 제거함 | ① 손가락을 사용하여 원을 그리듯이 함 ② 힘을 주어 누르도록 함 | · 롤링:피부는 나선형으로 그림 · 풀링:피부를 주름 잡듯이 행함 · 처킹:피부를 가볍게 상하운동을 함 |
> | 반죽하기 (petricssage) | 유연법 유찰법 | ① 신진대사의 활성화 ② 근육 이완시킴 ③ 노폐물을 제거함 | ① 근육을 강하게 쥐었다 놓음 ② 턱과 볼, 팔, 다리 근육 부위에 사용 | |
> | 두드리기 (tapointoment) | 경타법 고타법 | ① 신경조직에 영향 ② 피부의 탄력을 증가 | ① 얼굴 전체에 사용 가능 ② 손가락을 이용 | · 슬래핑:손바닥의 측면을 사용 · 헥킹:손 등으로 사용 · 커킹:손을 진공 상태로 하여 두두림 · 테핑:손가락을 가볍게 사용 · 비팅:주먹을 사용 |
> | 진동하기 (vbration) | 떨기 | ① 경직된 근육을 이완 ② 혈액순환과 림프순환을 도와 신진대사 원활하게 함 | ① 손가락 전체나 손가락을 이용하는 고른 진동 | |
> | 자켓마사지 | 꼬집기 | ① 노폐물제거 ② 지성, 여드름성 피부에 효과 | ① 엄지와 검지를 이용하여 꼬집듯이 하는 방법 | |

4) 매뉴얼테크닉의 유의사항

(1) 개인차를 고려하여 너무 강한 마사지나 한 부위를 장시간 행하는 마사지는 금한다.
(2) 마사지는 15~20분 정도로 하고 전체 안면관리는 60분을 넘지 않도록 한다.
(3) 고객의 상태와 증상을 확인하고 실시하며, 지나치게 강한 자극으로 인하여 통증을 유발하지 않도록 한다.
(4) 악성종양, 심장질환, 전염성 질혼, 화농성 피부염, 안정을 요하는 고객에게 관리하지 않도록 한다.
(5) 되도록 모든 관리는 근육과 피부결에 따라 시행한다.
(6) 관리사의 손은 항상 따뜻하고 부드럽게 하여 관리시 고객이 불쾌하지 않도록 한다.

9. 팩과 마스크

1) 팩과 마스크의 개념과 효과

(1) 팩과 마스크의 개념
　고대 이집트로부터 유래, 진흙, 토양, 꿀, 곡물가루, 달걀껍질 등을 사용한다.
　영어의 'Package'에서 유래. 마스크는 덮어 가리다의 의미로 사용된다.

(2) 팩의 개념
① 굳지 않으며 부드럽다.
② 바른 후 시간이 경과하여도 제품의 상태가 변하지 않는다.

③ 얼굴에 도포 후 15~20분이 지나면 닦아 낸다.

(3) 마스크의 개념
① 도포 후 굳거나 마른다.
② 시간이 지나면 필름과 같은 막이 형성, 안면모양으로 굳는다.
③ 공기가 차단된 상태로 열이나 수분, 영양 등의 손실을 막는다.
④ 마스크를 바른 후 마르는 동안 근육을 움직이면 주름이 생기므로 주의한다.

(4) 팩과 마스크의 효과
① 피부의 신진대사를 도와준다.
② 피부의 청정효과 및 노폐물과 불순물 제거를 도와준다.
③ 피부의 영양흡수를 도와준다.

2) 팩(마스크)의 종류 및 사용방법

(1) 사용법에 따른 종류
① 티슈오프타입(tiseu off) : 얼굴에 팩을 바르고 10~15분 후 티슈로 제거한다. 휴대하기 편하지만 일회용으로 사용할 수 있다.
② 워시오프타입(wash off) : 팩을 바르고 20~30분 후 물로 씻어내는 타입으로 피부에 자극이 덜하며(건성피부 선호) 크림, 분말, 젤 등의 타입의 팩 등이 포함된다.
③ 필오프타입(peel off) : 얼굴에 바른 팩이 건조되면 필름막을 벗겨내는 타입으로 피부에 자극을 줄 수 있으며(지성, 노화피부 선호) 고화 후 박리형 마스크, 분말의 팩 등이 포함된다.

3) 팩(마스크)의 재료에 따른 종류

(1) 크림형
① 친,유수성이 강하며, 보습이 풍부하다.
② 피부의 자극이 덜하며, 사용이 편리하다
③ 종류로는 크림, 분말, 커품(버블) 등이 포함된다.

(2) 젤형
① 친수성이 강하며, 사용감이 산뜻하다.
② 피부의 자극이 덜하며, 투명타입의 용기에 보관되며 종류로는 진정(알로에, 오이) 팩 등이 포함된다.

(3) 분말형
① 가루형태의 고화 후 박리형과 가루 형태의 천연, 한방팩으로 나뉜다.
② 증류수를 첨가하여 입자를 잘게 녹인다.
③ 종류로는 고화 후 박리형 석고가 있으며, 천연, 한방의 분말종류를 포함한다.

(4) 특수형
① 석고 마스크
  ㉠ 모발에 크림 석고가 묻기않게 머리를 티슈로 정리해야 한다.
  ㉡ 영양크림(베이스 크림)이나 앰플을 고르게 바른 후 거즈로 밀착시킨다.
② 벨벳 마스크
  ㉠ 콜라겐 마스크
    · 콜라겐을 시트 마스크에 화장솜과, 스파츌라를 이용하여 흡수시킨다.
    · 화장솜과 스파쥴라를 이용하여 공기를 빼도록 한다.
  ㉡ 콜라겐 벨벳 시트 마스크
    · 콜라겐이 들어 있는 시크 마스크에 증류를 사용하여 화장솜과 스파츌라를 흡

수를 시키고, 공기를 빼도록 한다.

> **TIP**

종류	특징	관리방법	종류
크림 타입	① 친수성이 우수 ② 피부에 영양을 주어 유연하게 함	① 얼굴에 팩 붓 사용하여 눈과 입주위를 제외하고 일정 두께로 바름 ② 10~15분 후에 해면으로 제거	·워시오프 ·머드크림, 젤 분말형태 ·티슈오프타입
젤타입	① 젤 성분으로 구성되어 있음 ② 끈적임이 있음	① 얼굴에 팩, 붓 사용하여 눈과 입주위를 제외하고 일정한 두께로 바름 ② 10~15분후에 턱에서 이마 쪽으로 제거	필오프타입
파우더 (분말 타입)	① 가루형태로 증류수나 에센스를 넣고 사용	① 얼굴에 팩붓 사용하여 눈 입주위를 제외하고 일정한 두께로 바르며 스티머를 사용하면 효과적임 ② 10~15분 후에 해면으로 제거	효소팩: 각질, 박피, 피부연화를 위한 탈락
특수형	① 일정시간 동안 피부 위에 막을 형성해서 외부와의 공기를 차단하는 것이다. 건조되면 제거한다. ② 잔주름 예방에 효과적		·석고마스크: 모세혈관확장피부, 민감성피부는 피함. ·모델링마스크: 모든 피부에 가능 ·벨벳마스크(콜라겐마스크): 건성피부나 노화피부에 콜라겐을 재생을 도와줌 ·왁스마스크: 보습력이 뛰어나 피부를 유연하고 매그럽게 하며 혈액순환을 도와줌

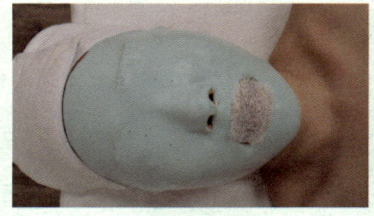

모델링 마스크

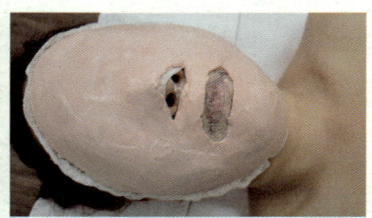

석고팩

10. 제모

1) 제모의 목적 및 효과

(1) 제모의 목적
제모란 털을 제거하는 것으로써, 즉 미용사 필요 없는 털을 제거한다. 주기 4~6주 간격으로 제모를 할 수 있다.

(2) 제모의 효과
미용적인 측면에서 불필요한 털을 제거하여 메이크업이 잘 도포되게 하거나 신체를 매끄럽게 하여 매력적으로 만들어준다.

2) 제모의 종류 및 방법

(1) 제모의 종류
① 일시적 제모: 면도게, 족집게, 크림 등을 이용한 제모의 방법이다.
  ㉠ 면도: 겨드랑이, 팔, 다리부분에 면도용 크림을 바른 후 면도기를 하여 제거한다.
  ㉡ 족집게: 털을 뽑는 것으로 주로 눈썹의 형태를 아름답고 바르게 입과 턱 주변의 군털을 제거한다.
  ㉢ 화학적 제모: 크림, 가루 분말제 등을 이용한 제모의 방법이다. (크림: 크림의 성분을 지시에 따라 시행하며, 털을 녹여 물로 씻어내거나 닦아내어 사용한다)
  ㉣ 가루, 분말제: 사용 전 부드럽게 반죽한 후 사용한다.

② 화학적 제모: 레이져, 전기 분해침, 고주파 등이 있다.

> **TIP**
> **왁스를 이용한 제모 : 연성왁스, 경성왁스로 나뉜다.**
> ① **연성왁스**
> - 다리, 팔 등 넓은 부위에 주로 사용한다.
> - 수렴제, 연성왁스를 제거할 수 있는 오일이 필요하다.
> - 온도를 재고 제거하려는 부분에 털이 나는 방향으로 스파츌라를 사용하고 부직포(무슬린천)을 털 반대 방향으로 털을 제거 한다.
> ② **경성왁스**
> 짧고 굵은 털에 주로 사용하며, 하드 왁스라고 한다.

(2) 제모 방법

① 관리자는 손소독을 하도록 한다.

② 라텍스를 끼고 제모할 부위를 소독한다.

③ 제모할 부위를 파우더(탈콤)를 바르고 피지 및 유, 수분으로 인한 모발의 상태를 점검한다.(모발을 잘 세우도록 하기 위하여 탈콤파우더 사용)

④ 제모할 부위에 연성왁스(허니)를 털의 방향으로 바른다.(이때, 왁스의 온도를 재고 피부에 자극이 없도록 함)

⑤ 무슬린천(부직포)을 이용하여 털의 반대 방향으로 제거하도록 한다.

⑥ 제모한 부위의 털이 잘 제거되었나 확인한 후 나머지 부분은 족집게를 사용하여 깨끗하게 처리한다.

⑦ 제모 한 부위의 피부가 자극되었을 경우 진정을 위한 알로에 또는 젤 타입의 에센스(코코넛 성분의 에멀젼) 등을 사용한다.

3) 제모 후 사후 관리

(1) 왁싱 관리 후 48시간 이내에 피부를 태양에 노출시키지 않는다.
(2) 24시간 내에 외출을 금한다.
(3) 향이 강한 로션, 데오드란트 사용(모모세포 및 모낭주변을 더욱 자극)을 제한다.
(4) 몸에 꽉 끼는 옷을 피한다.
(5) 열관리나, 자극을 주는 관리를 받는 것을 삼가한다.
(6) 피부에 자극적인 마찰을 피한다.

4) 제모 시 금기사항

(1) 탄력이 지나치게 떨어지는 피부
(2) 당뇨병 환자
(3) 예민피부
(4) 피부질환이 있는 자
(5) 정맥류
(6) 노화, 얇은 피부
(7) 멍든 부위, 사마귀가 있는 부위

> **TIP**
>
> **제모실기모습**
>
>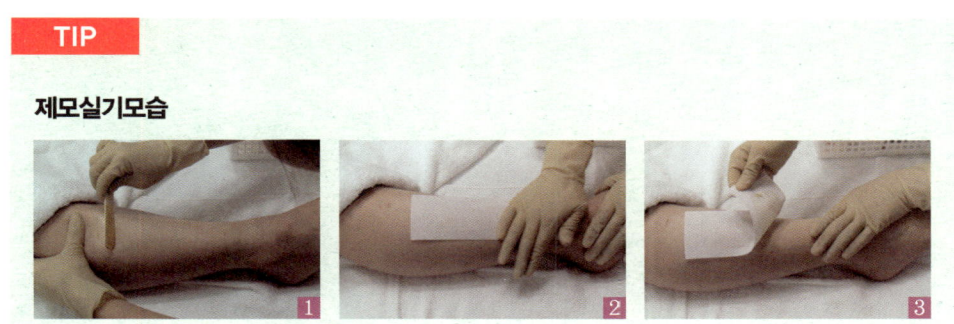

BASIC SKIN CARE

Chapter 2

해부생리학

1. 해부생리학의 개요

2. 세포의 구조 및 기능

3. 조직

4. 기관

5. 기관계

6. 각 기관계의 종류와 기능

Chapter 2.

해부생리학

1. 해부생리학의 개요

1) 정의

① 생리학(Physiology) 인체를 구성하는 다양한 구조들의 기능과 활성과정을 연구하는 학문이다.
② 해부학(Anatomy) 인체의 내·외적 구조나 형태를 연구하는 학문이다.

2) 인체의 생명체의 특성

① 대사(Metabolism)는 이화(Catabolism)와 동화작용(Anabolism)의 여러 과정을 거친 후 생명물질들을 체외로 물질의 출입이 일어나고, 영양분을 흡수해서 생활에 필요한 에너지를 얻는 활동을 말한다.
② 성장(Growth)과 생식(Reproduction)은 대사에 의해서 만들어진 물질의 일부는 생물체의 구성요소로 쓰이고, 그 결과 생물체의 부피와 무게가 커지며, 개체수가 증가하여 정자와 난자의 결합에 의하여 새로운 생명체가 생기며, 유성생식과 무성생식이 있다.
③ 적응(Adaptation)은 생물체는 주위환경의 변동에 대응해서, 이에 알맞은 형태

및 기능을 조정하여 대처한다.
④ 유기체(Organization)는 생물체는 그 생물체를 구성하고 있는 각 부분이 깊은 상호의존과 상호작용의 관계를 맺는 매우 복잡한 생물이며, 전체로서 하나의 통일된 개체이다.
⑤ 운동(Movement)은 유기체의 위치의 변화에 따른 다른 장소 이동에 대한 것을 의미한다.
⑥ 항상성(Homeostasis)은 외부의 자극에 반응해서 체내환경을 일정하게 유지하는 조절작용이며, 신경계와 내분비계에 의해 이루어지고 있다.

3) 인체의 구성 체계

인체는 매우 복잡한 다세포 생물체이며, 구조적으로 기능적으로 서로 다른 특성을 나타내는 수많은 세포들로 이루어져 있다.

> 원자(Atoms) → 분자(Molecules) → 세포(cell)분화 → 세포 → 조직(Tissue) → 기관(Organ) → 기관계(Organ System)

(1) 세포분화: 미분화화세포로부터 분화세포로 바뀌는 과정이며, 고유기능에 따라
① 근육세포는 근육운동에서 기계적인 힘을 생성하도록 분화된 세포이다.
② 신경세포는 전기적 신호를 일으키고, 신체의 먼 부분까지 신호를 전달하도록 분화된 세포이다.
③ 상피세포는 이온과 유기분자를 선택적으로 분비하고 흡수하는 기능과 체내 기관의 보호기능을 위해 분화된 세포이다.
④ 결합조직세포는 신체구조를 연결하고 고정하는 세포이다.

2. 세포(Cell)의 구조 및 기능

1) 정의

모든 살아 있는 물체의 구조적·기능적 단위이며, 크기, 모양과 기능에 따라 다양하다.

세포 구성요소의 기능에 따라 핵, 세포질, 세포소기관, 세포막으로 각 구획 내의 물질 조성이 다르기 때문에 서로 다른 특이한 반응이 일어날 수 있으며 고유기능을 수행할 수 있다.

2) 세포의 구성

(1) 세포막(Cell Membrane)

① 탄력성이 있는 얇은 막이며, 대부분의 분자들은 지질(lipid)과 단백질(protein)이고, 탄수화물(carbohydrates)이 부착되어 있다.

② 세포의 활동에 필요한 모든 정보를 간직하고, 세포막은 물질 운반작용인 수동수송인 확산(diffusion), 여과(filtration), 삼투(osmosis)와 능동적 수송(active transport) 및 음세포 작용(pinocytosis)등을 조절되는 선택적 투과 막으로 구성되어 있다.

③ 세포가 모여서 조직 및 기관을 형성하며, 여러 가지 효소(enzyme), 섬모(cilia), 편모(flagella), 미세융모(microvilli)가 있다.

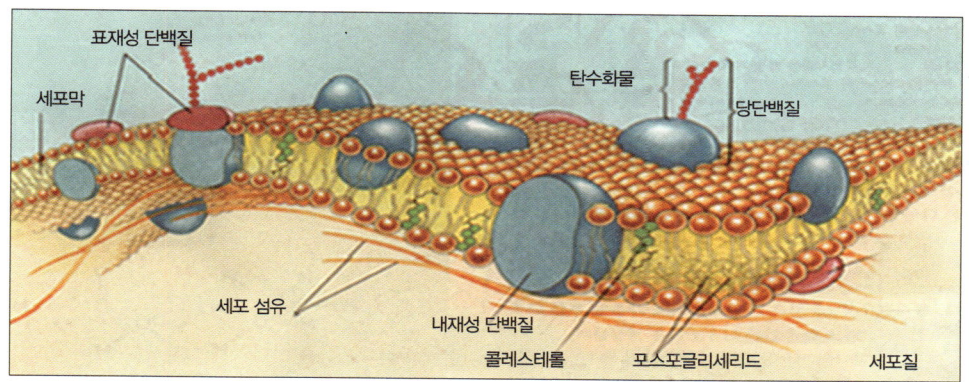

[그림 세포의 구성]

TIP

세포막을 통과하는 물질 이동방법

① **수동이동 방법**

㉠ 확산(diffusion) : 고농도에서 저농도로 물질 이동

㉡ 촉진적 확산(facilitated diffusion) : 고농도에서 저농도로 물질의 이동을 도와주는 세포막내에 있는 도움분자

㉢ 삼투(osmosis) : 물의 농도가 높은 용액 쪽에서 낮은 쪽으로 물분자 확산하는 현상

㉣ 여과(filtration) : 압력이 높은 곳에서 낮은 곳으로 물과 용해물질의 이동

② **능동적 이동 방법**

㉠ 능동이동펌프(active transport pumps) : 저농도에서 고농도로 에너지(ATP)투입

㉡ 세포 내 이입(endocytosis) : 세포막에 의해 물질을 받아들이거나 소화하는 것

㉢ 식세포 작용(phagocytosis) : 큰 거대분자가 입자형태로 세포 내에 흡수

㉣ 음세포작용(pinocytosis) : 큰 거대분자들이 액체형태로 세포 내로 이동

㉤ 세포 외 유출(exocytosis) : 세포생산물(단백질, 부스러기)을 세포 밖으로 분비

(2) 세포 소기관의 구조와 기능

① **핵(Nucleus)**
  ㉠ 염색질(chromatin) : DNA를 갖고 있는 실패 모양의 구조물이며, 염색체를 형성한다.
  ㉡ 핵소체(nucleolus) : RNA와 단백질 합성인자와 단백질로 구성한다.
  ㉢ 핵질(nucleoplasm) : 액체물질로 가득 차 있다.
  ㉣ 핵막(nuclear membrane) : 핵질과 세포질을 분리시켜 준다.

② **세포질의 세포기관종류와 기능**
세포질은 세포 내부에 있으나 핵의 밖에 있는 겔(gel)과 같은 물질이다.
  ㉠ 미토콘드리아(Mitochondria) : 세포내의 호흡생리와 세포활동에 필요한 에너지(ATP)를 생산하는 세포 내 발전소 역할을 한다.
  ㉡ 소포체(Endoplasmic Reticulum(ER)) : 세포질 내에 있는 막들의 연결망이며, 리보솜이 다수 붙여 있는 조면소포체와 리보솜이 붙어 있지 않은 활면소포체가 있다.
  ㉢ 리보솜(Ribosome) : 세포질 내 미세구조로써 단백질 합성을 주관하는 역할을 한다.
  ㉣ 골지체(Golgi Complex) : 고분자물질의 합성, 운반 및 분비에 관여하며, 분비전의 저장고 기능을 하며, 소포체와 연결되어 선 분비기능에 관계한다.
  ㉤ 리소좀(Lysosome) : 소화효소를 함유하고 있는 둥근 막으로 된 주머니이며, 세포안의 소화기관이며 식포와 결하하여 세포에 의해 포식된 물질을 소화한다.
  ㉥ 중심체(Centrosome) : 각각 3개의 미세소관으로 되어 있으며, 세포분열 발생 시에만 볼 수 있다.
  ㉦ 과산화소체(Peroxisome) : 간과 신장의 세포에 존재하며 영양소 산화에 관여한다.

◎ 미세소관(Microtubule) : 세포의 운동성에 관여하며 한 장소에서 다른 장소로 소기관이 이동할 때 도움을 준다.

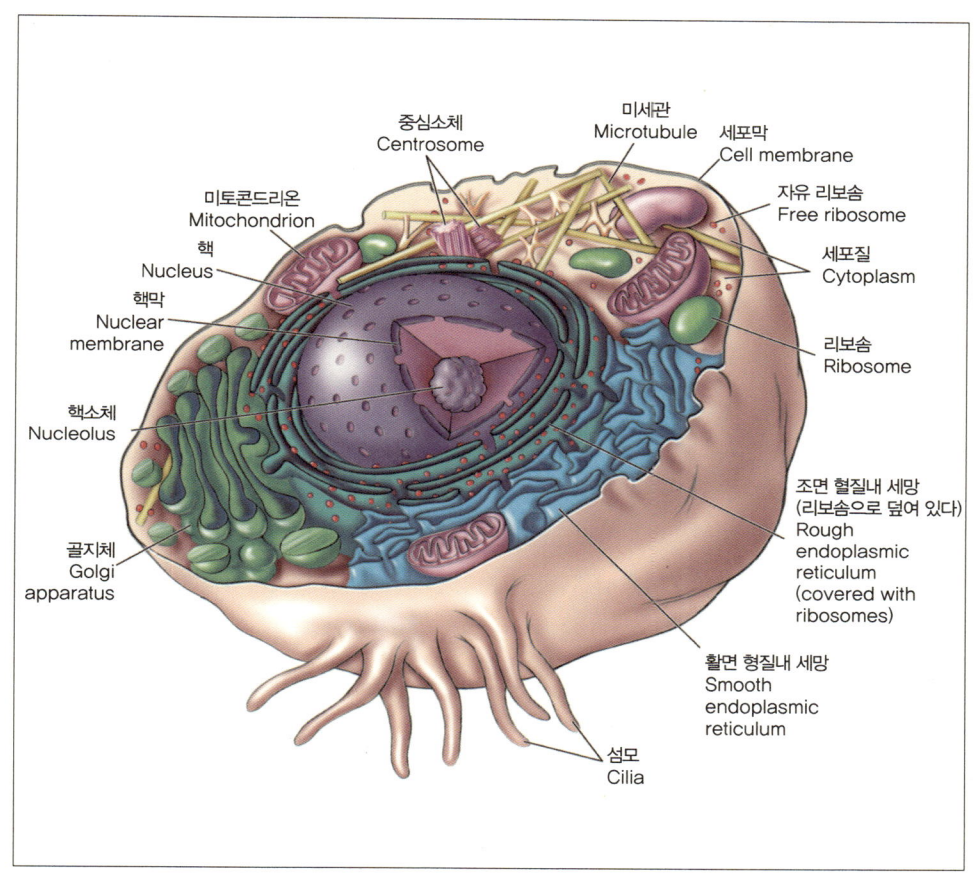

[그림 Cell의 구조]

> **TIP**
>
> **세포주기(Cell cycle)**
> 세포가 유사분열하는 사건들의 결과이며, 세포주기는 2개의 주요과정인 간기와 유사분열로 나뉜다.
>
> ① **간기(Interphase)**
> 정상기능을 가지며 성장과 DNA 복제를 통해 유사분열을 준비한다.
> ㉠ G1기: 정상 활동을 하며 DNA와 세포분열에 필요한 물질들을 만든다.
> ㉡ S기: 염색체를 복제함으로써 2개의 동일한 세포를 위한 DNA를 충분히 만들기 시작한다.
> ㉢ G2: 유사분열을 위한 마지막 준비 단계이다.
>
> ② **유사분열(Mitosis, M기)**
> 2개로 분활되며 두 세포의 핵에는 동일한 유전자 정보가 있다.
> ㉠ 전기: 핵이 사라지고 염색체가 나타나며 초기 방추사가 형성된다.
> ㉡ 중기: 염색체가 세포중앙에 정렬한다.
> ㉢ 후기: 염색체가 나뉘고 방추사가 염색체를 당겨서 분리시킨다.
> ― 종기: 염색체가 세포 끝쪽으로 가고, 방추사가 사라지며, 핵이 생긴다.

3. 조직(Tissue)

1) 정의

　동일한 기능을 수행하기 위해 비슷한 형태의 세포들이 집단을 이루는 것으로, 같은 방향으로 분화된 세포와 세포간질로 구성되며, 인체의 조직은 다음과 같다.

2) 조직의 종류

(1) 상피조직(Epithelial tissue)
① 보호, 흡수, 분비이며 그 밖에 운반, 배출, 감각 수용 및 방광의 용적변화이다.
② 상피조직의 모양과 배열에 따라 편평, 입방, 원주, 이행상피 등이 있다.

(2) 지지조직(Supporting tissue)
① 지지(support), 연결(connection), 보호(protection)의 기능이 있다.
② 결합조직(결체조직), 연골조직, 골격조직으로 분류되며, 기관, 뼈, 근육, 막, 피부 등이 있다.

(3) 근육조직(Muscular tissue)
① 수축과 이완에 의한 운동, 자세유지, 체열방산 등이 있다.
② 골격근, 심장근, 내장근 등이 있다.

(4) 신경조직(Nervous tissue)
① 신체의 내적, 혹은 외적 자극을 받아들여서 이를 통합하고, 신체반응으로 연결시켜주며 흥분성, 전도성을 가지며, 신체생리기능을 조절한다.
② 정보를 전달하는 신경세포(Neuron)과 신경세포를 지지하고 돕는 신경아교세포(Neuroglia)가 있다.

4. 기관(Organ)

두 가지 이상의 조직이 모여서 특별한 기능이나 일련의 관련된 기능을 수행하게 된 조직의 집단을 말하며, 심장, 허파, 위, 간, 콩팥에서 볼 수 있는 기관들이다.

5. 기관계(Organ system)

각각의 고유한 구조와 기능을 갖는 기관들은 공통적인 기능을 수행하기 위해서 기관의 집합체인 기관계을 형성한다.

기관계	주요기관	주요기능
피부계	피부	외부환경에 대한 보호, 체온조절
순환계	심장, 혈액, 혈관, 림프관	전 조직으로 혈액을 운반
호흡기계	코, 인두, 후두, 기관, 기관지, 폐	산소 및 이산화탄소의 교환, 수소이온농도의 조절
소화기계	입, 식도, 위, 장, 침샘, 췌장, 간, 담낭	음식물의 소화와 흡수
비뇨기계	신장, 요관, 방광, 요도	혈장의 조정조절, 요의 생성과 배설조절
근골격계	뼈, 연골, 관절, 골격근	신체지지, 운동
신경계	뇌, 척수, 말초신경, 중추신경	체내의 여러 활동 및 신체기능조절
내분비계	호르몬을 분비하는 모든 선 또는 기관	성장, 대사, 생식, 혈압, 전해질 균형 등과 같은 체내의 여러 활동 및 신체기능 조절
생식기계	고환, 음경, 난소, 나팔관, 자궁	정자생성과 난자생성
면역계	백혈구, 림프절, 비장, 흉선	외부침입에 대한 방어

TIP

소화기관이면서 호르몬이 분비되는 곳인 췌장

① 베타세포에서 혈당을 맞추는 호르몬: 인슐린

② 알파세포에서 혈당을 높이는 호르몬: 글루카곤

③ 델타세포에서 여러 호르몬을 조절하는 호르몬: 소마토스타틴

6. 각 기관계의 종류와 기능

1) 골격계통(Skeletal System)

(1) 뼈의 기능
① 저장기능으로 칼슘, 인 등의 무기질이나 염화물을 저장하고 필요에 따라 혈액을 방출한다.
② 조혈기능으로 적색골수에 의하여 활발한 조혈이 이루어진다.
③ 보호기능으로 대장, 뇌, 척수, 안구 등의 장기를 보호한다.
④ 지지기능으로 추골과 하지의 뼈를 지지하는 작용을 한다.
⑤ 지렛대작용으로 관절의 운동에 대해 팔의 힘을 주는 작용을 한다.

(2) 각 부위별 뼈의 분류
① 축뼈대(체간골격 80개)
  ㉠ 머리뼈(두개골 29개) : 슬개골(뇌두개골 8개), 안면골(15개), 중이뼈(이소골6개)
  ㉡ 척추뼈(척추골 26개) : 목뼈(경추7개), 등뼈(흉추12개), 허리뼈(요추5개), 엉치뼈(천골1개), 꼬리뼈(미골1개)
  ㉢ 갈비뼈(늑골 24개)
  ㉣ 복장뼈(흉골1개)

② 팔다리 뼈대(체지골격 126개)
  ㉠ 상지뼈(상지골 64개) : 팔이음뼈(상지대4개), 상지뼈(자유상지골 60개)
  ㉡ 하지뼈(하지골 62개) : 다리이음뼈(하지대 2개), 하지뼈(자유하지골 60개)

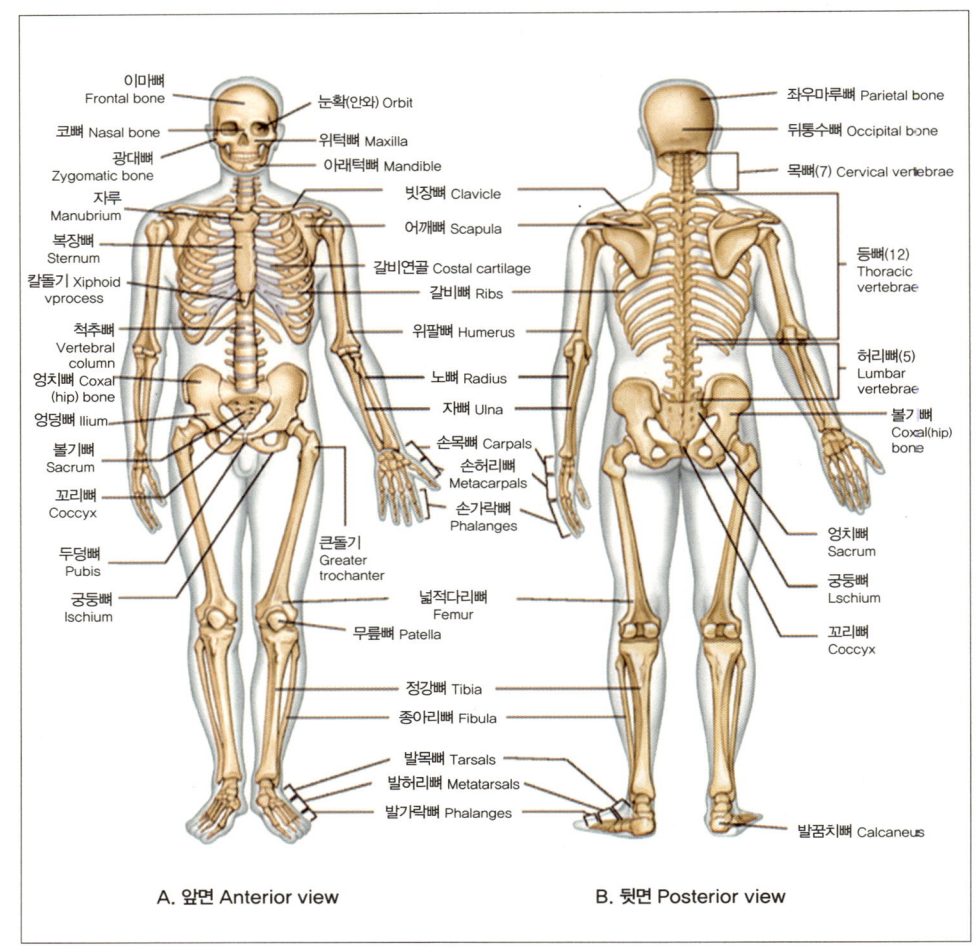

[그림 인격의 골격 구조]

> **TIP**
>
> **관절(Joint):** 2개 이상의 뼈가 인접된 것
>
> **인대(ligament):** 뼈와 뼈를 연결
>
> **힘줄(Tendon):** 근육과 뼈를 연결

2) 근육계통(Muscular System)

(1) 근육의 기능
① 화학적 에너지를 기계적 에너지와 열로 변화시킨다.
② 근섬유가 수축하여 모든 신체동작을 할 수 있게 한다.
③ 수축에 의한 혈액순환을 한다.
④ 소화관근의 수축에 의한 음식물의 흡수·소화·배설에 의한 배뇨기능을 한다.
⑤ 관절의 안정화 및 자세유지를 한다.

(2) 근육의 분류와 특징
① 골격근: 횡무늬근이며 신체의 운동과 자세유지, 의지대로 움직이는 수의근, 체성신경 지배를 받는다.
② 심장근: 횡무늬근이며 심장의 펌프작용을 하는 불수의근, 자율신경지배를 받는다.
③ 평활근: 민무늬근이며 장기의 운동기능을 하는 불수의근, 자율신경지배를 받는다.

(3) 골격근의 구조
① 근섬유(Muscle fiber): 하나의 근육세포를 말하며, 가느다란 원통형으로 다핵세포이며 더 이상 세포분열 능력이 없다.
② 근원섬유(Myofibril): 굵은 필라멘트라 불리는 미오신(myosin)과 가는 필라멘트라 불리는 액틴(action)단백질이며 수축에 관여한다.
③ 근절(Sarcomere): 근원섬유에서 반복되는 한 단위를 말하며, 골격근의 기능적 단위이다.

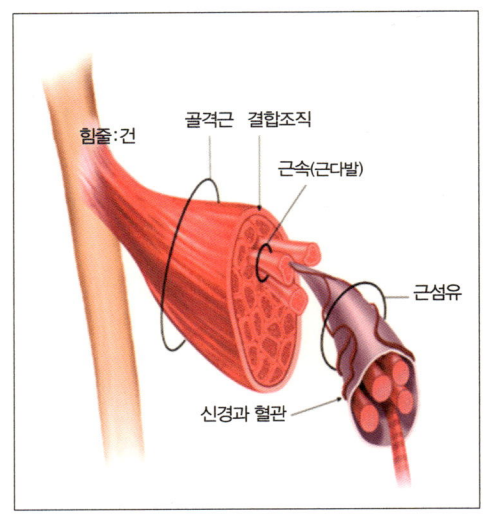
[그림 골격근의 구조]

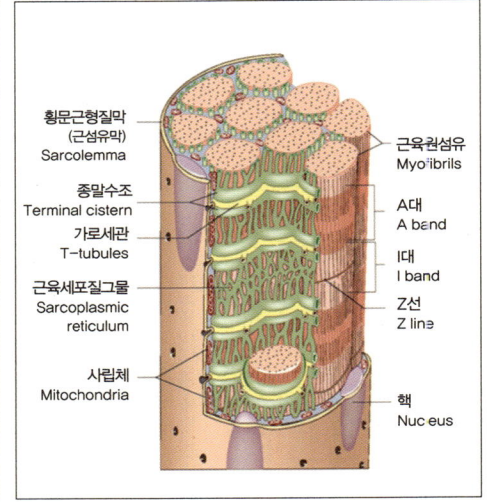
[그림 근육세포질 그물]

(4) 근수축의 종류

근육이 수축할 때 근육의 길이 변화나 부하에 따른 근육장력의 변화에 따라 근육이 수축하는 모양에 따라 다음과 같이 분류할 수 있다.

① 연축(Twitch) : 근수축의 기본형으로 신경-근표본의 신경섬유에 1회의 극히 짧은 전지자극을 가하면 근육은 자극 후 짧은 시간(0.01~0.02초) 근의 수축이 시작되고 약 0.1초 정도 계속되다가 원상태로 복귀한다.

② 강축(Tetanus) : 골격근에 단일자극이 아닌 적당한 시간 간격으로 되풀이하여 자극을 가하면 연축이 합해져서 더욱 큰 힘과 지속적인 수축을 일으킨다.

③ 긴장(Tonus) : 각성시의 근육 상태로서 자세위치의 유지, 서 있는 상태, 앉은 상태 등을 말하며, 운동신경으로부터 부분적으로 자극을 계속하여 받고 있는 것을 말한다.

④ 강직(Contracture) : 골격근은 병적 상태에서 활동전압 없이도 수축을 계속하는 경우를 말한다.

(5) 골격근의 종류

① 얼굴근육(안면근)

㉠ 머리덮개근(두개근, Epicranial Muscles)

뒤통수이마근(후두전근, Occipitofrontalis)

눈썹을 올려 놀란 표정을 지거나, 이마에 주름을 만듦

이는곳	이마힘살: 머리덮게널힘줄 뒤통수힘살: 위목덜미선 가쪽 꼭지돌기	닿는곳	머리덮게힘줄
신경	얼굴신경의 뒤귓바퀴가지		

관자마루근(측두두정근, Temporoparietalis)

관자부분의 피부를 뒤로 당김

이는곳	귀의 위와 앞부분의 관자근막	닿는곳	머리덮개힘줄의 가쪽
신경	얼굴신경의 관자엽 가지		

㉡ 눈주위근

눈둘레근(안륜근, Orbicularis Oculi)

눈꺼풀을 조임

이는곳	눈확의 안쪽 모서리	닿는곳	눈 주위 피부
신경	얼굴신경의 관자가지, 광대가지		

눈썹주름근(추미근, Corrugator Supercili)

눈썹을 내리고 이마에 주름형성

이는곳	눈확 위의 모서리 안쪽부분	닿는곳	눈썹 안쪽의 피부
신경	얼굴신경, 광대가지		

ⓒ 입주위근

입둘레근(구륜근, Orbicularis Oris)

입을 닫고 입술을 오므림

이는곳	입술 주위 근육섬유	닿는곳	입술의 피부와 점막
신경	입을 닫고 입술을 오므림		

큰광대근(대관골근, Zygomaticus Major)

입꼬리를 뒤와 위로 당김

이는곳	광대뼈	닿는곳	입꼬리 근처
신경	얼굴신경		

작은광대근(소관골근, Zygomaticus Minor)

윗입술의 올림과 가쪽당김

이는곳	·광대뼈의 안쪽부분 ·관자광대봉합의 뒷부분	닿는곳	윗입술의 피부, 근막, 근육
신경	얼굴신경		

윗입술올림근(상순거근, Levator Labii Superioris)

윗입술을 가쪽으로 올려서 싫은표정을 지음

이는곳	위턱뼈 이마돌기의 위부분 광대뼈 눈확면	닿는곳	윗입술 가쪽 부위
신경	얼굴신경		

입꼬리올림근(구각거근, Levator Anguli Oris)

입꼬리를 올림

이는곳	위턱뼈	닿는곳	입꼬리 근처
신경	얼굴신경		

볼근(협근, Buccinator)

볼을 홀쭉하게 만듦

이는곳	윗턱뼈와 아래턱뼈	닿는곳	볼굴대
신경	얼굴신경		

아랫입술내림근(하순하체근, Depressor Labii Inferioris)

아랫입술을 아래쪽과 가쪽으로 당김과 가쪽번짐

이는곳	아래턱뼈 가쪽면	닿는곳	입술의 피부와 점막
신경	아랫입술을 내리고 가쪽으로 당김		

입꼬리내림근(구각하체근, Depressor Anguli Oris)

입꼬리 내림

이는곳	아래턱뼈의 비스듬선	닿는곳	볼굴대
신경	얼굴신경		

윗입술콧망울올림근(상순비익거근, Lavator Labil Superioris Alaequenasi)

윗입술의 올림

이는곳	위턱뼈앞돌기	닿는곳	윗입술근육과 콧망울 연골
신경	얼굴신경		

턱끝근(이근, Mentalis)

턱을 아래로 끌어내리고 턱피부에 주름

이는곳	아래턱뼈의 앞니오목	닿는곳	턱의 근막과 피부
신경	얼굴신경		

입꼬리당김(소근, Risorius)				
입꼬리를 가쪽으로 당김				
이는곳	귀밑샘근막		닿는곳	볼굴대
신경	얼굴신경			

눈살근(비근근, Procerus)				
눈썹을 안쪽아래로 당김				
이는곳	코뼈와 연골		닿는곳	위눈꺼풀
신경	눈돌림신경			

코근(비근, Nasalis)				
콧구멍을 확장시킴				
이는곳	위턱뼈		닿는곳	콧망울
신경	얼굴신경			

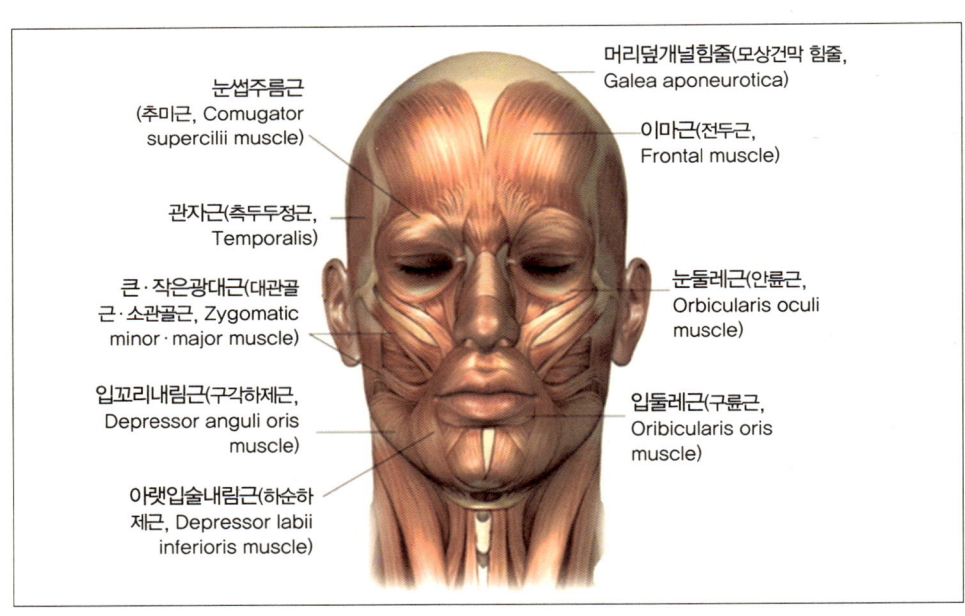

[그림 안면근육]

② 씹기근육(저작근)

관자근(측두근, Temporalis)				
아래턱거상, 후인				
이는곳	관자우묵		닿는곳	아래턱뼈의 구상돌기와 아래턱뼈의 상행지
신경	삼차신경			

깨물근(교근, Masseter)				
턱을 닫거나, 이를 꽉 깨뭄				
이는곳	· 천층: 광대돌기, 광대활 · 심층: 광대활 아래가장자리의 뒷면		닿는곳	· 천층: 아래턱뼈 가지와 구석 · 심층: 위 가지의 아래턱뼈 근육돌기
신경	삼차신경			

안쪽날개근(내측익상근, 내측익돌근, Medial Pterygoid)				
턱을 앞으로 내밀거나 아래턱뼈 거상				
이는곳	접형골의 외익상판의 내측, 상악골의 조면		닿는곳	아래턱뼈각의 내측
신경	삼차신경			

가쪽날개근(외측익상근, 외측익돌근, Lateral Ptergoid)				
아래턱뼈 올림, 가쪽 치우침				
이는곳	외익상판과 접형골의 큰 날개		닿는곳	아래턱뼈관절돌기, 관절판
신경	삼차신경			

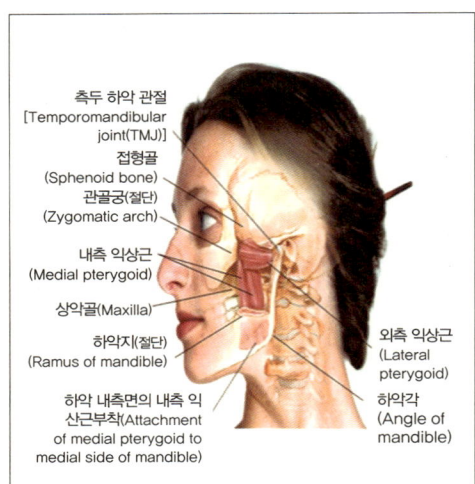 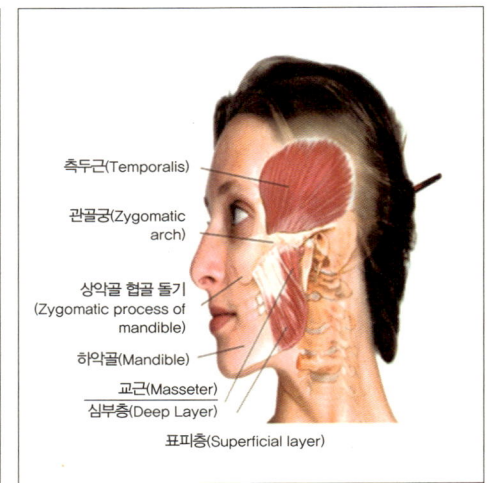

[그림 씹기근육(저작근)]

③ 목(Neck)의 근육

목갈비근(사각근)				
목뼈를 굽히고 돌리거나 작용하는 쪽으로 가쪽 굽힘				
이는곳	· 최소: C6~C7의 가로돌기 · 앞: C3~C6의 가로돌기 · 중간: C2~C7의 가로돌기 · 뒤: C5~C7의 가로돌기 || 닿는곳	· 최소: 첫 번째 갈비뼈, 페의 가슴막 위막 · 앞: 첫 번째 갈비뼈 · 중간: 첫 번째 갈비뼈 · 뒤: 두 번째 갈비뼈	
신경	· 최소: 목신경과 팔신경얼기 · 앞, 중간, 뒤: 목척수신경(C3~C8)				

넓은목근(광경근, platysma)				
턱을 앞으로 당기고 입을 벌리게 함				
이는곳	피하근막		닿는곳	아래턱뼈와 얼굴아래부위의 근막
신경	얼굴신경			

목빗근(흉쇄유돌근, Sternocleidomastoid)

머리를 굽히고 돌림

이는곳	· 복장뼈: 복장뼈 자루 · 빗장뼈머리: 빗장뼈 중간부분	닿는곳	관자뼈의 꼭지돌기
신경	· 운동: 척수더부신경 · 감각: C2~C3의 배쪽가지		

뒤통수밑근육(후두하근, Suboccipital Muscles)

머리신전, 머리동측 회전

이는곳	① 작은뒤통수곧은근(소후두직근) · 고리뼈후 결절 ② 큰뒤통수곧은근(대후두직근) · 중쇠뼈 가시돌기 ③ 위머리빗근(상두사근) · 고리뼈가로돌기 ④ 아랫머리빗근(하두사근) · 중쇠뼈가시돌기	닿는곳	① 작은뒤통수곧은근(소후두직근) · 뒤통수뼈의 하항선중앙 ② 큰뒤통수곧은근(대후두직근) · 뒤통수뼈의 하항선 외측 ③ 위머리빗근(상두사근) · 뒤통수뼈의 상항선 외측 ④ 아랫머리빗근(하두사근) · 고리뼈가로돌기
신경	뒷머리밑신경, 첫 번째 경추신경의 분지		

머리널판근(두판상근, Splenius Capitis), 목널판근(경판상근, Splenius Cervicis)

한쪽: 동측 머리회전, 양쪽: 머리 신전

이는곳	① 머리널판근(두판상근) · C7~T3 가시돌기와 항인대 ② 목널판근(경판상근) · T3~T6 가시돌기	닿는곳	① 머리널판근(두판상근) · 꼭지돌기, 뒤통수뼈 ② 목널판근(경판상근) · C1~C3 가시돌기
신경	경추신경		

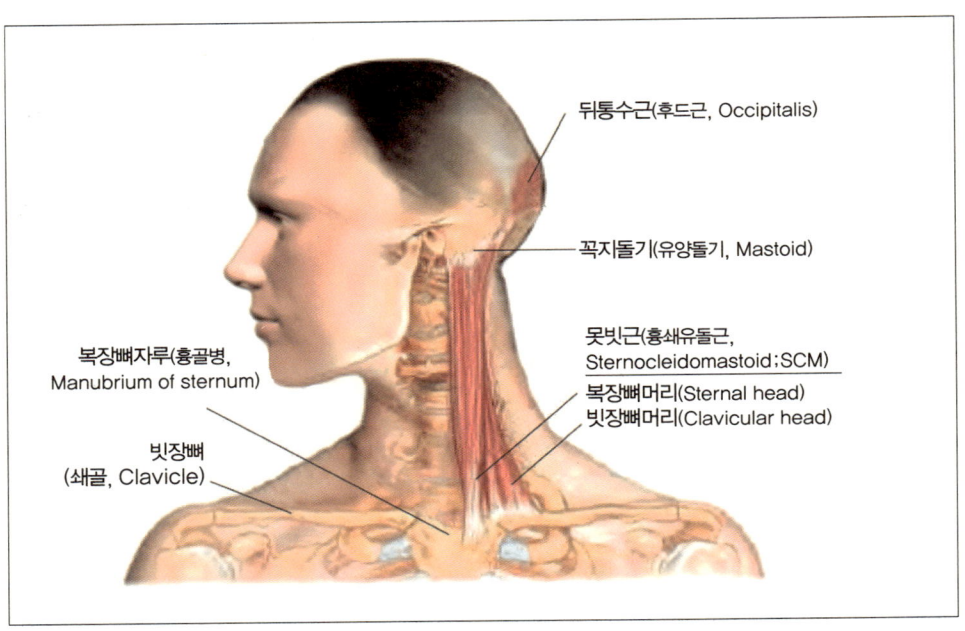

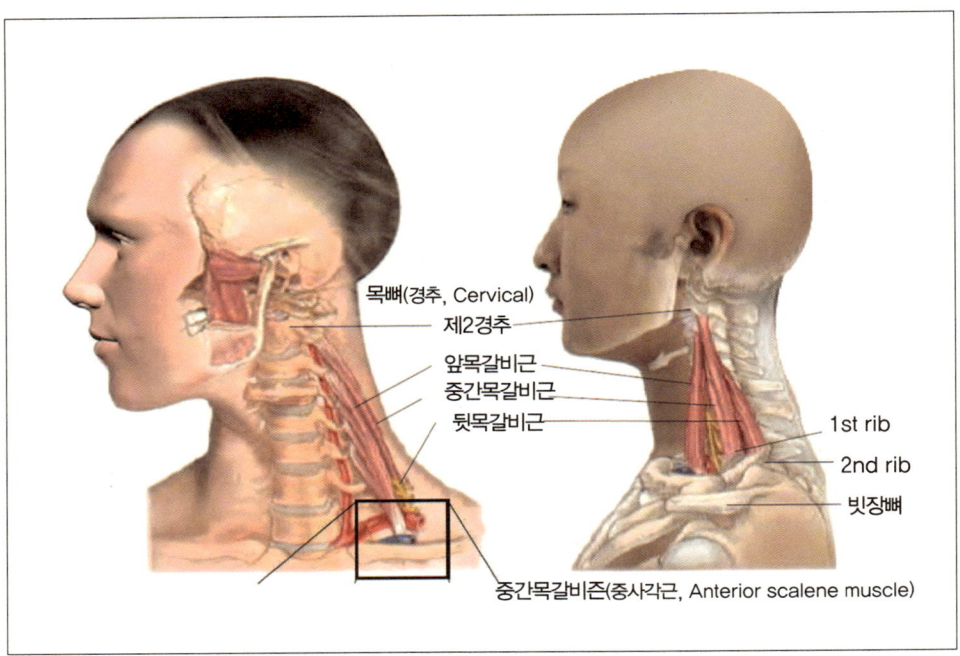

[그림 뒤통수 밑근의 구조]

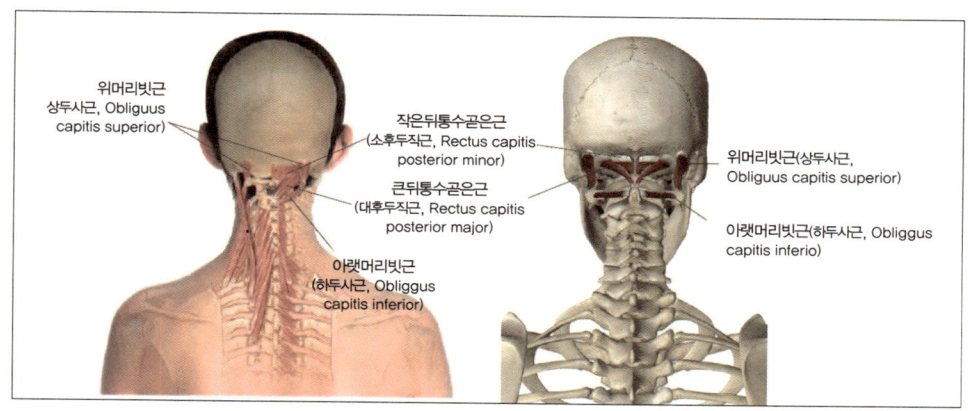

[그림 목의 근육]

④ 전신 근육의 앞면

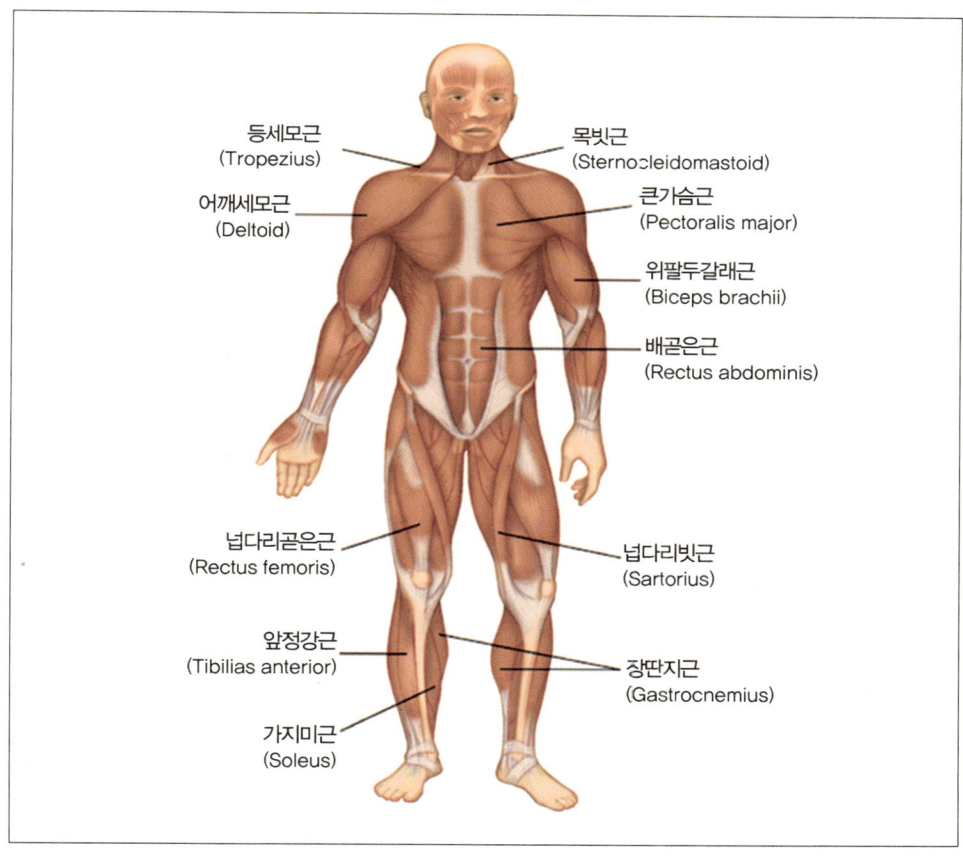

[그림 전신 앞 근육]

⑤ 전신 근육의 뒷면

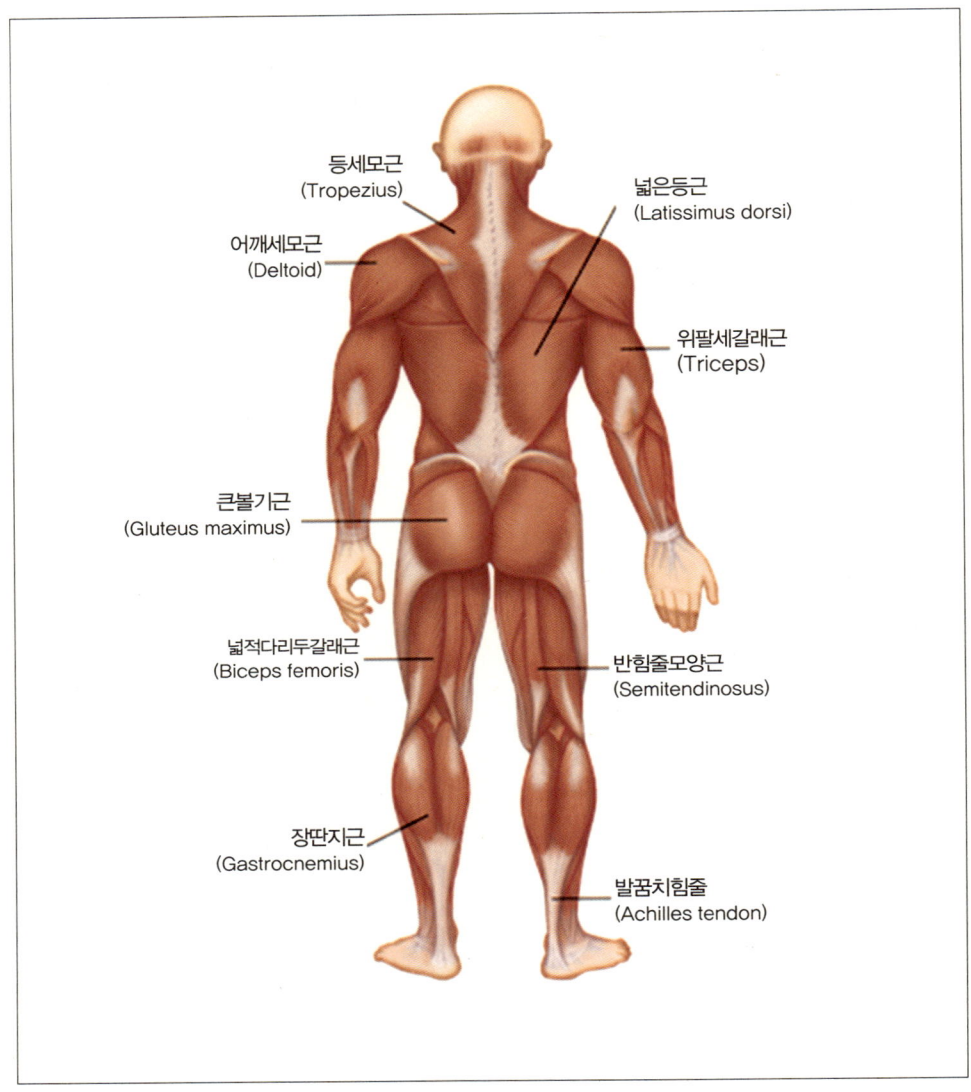

[그림 전신 뒷 근육]

> **TIP**
>
> **근조직의 기능적 기능**
> ① **수의근(Voluntary Muscle)**
> ㉠ 자세유지: 부분적인 근육을 계속 수축시킴으로써 신체의 각종 자세와 운동의 형태
> ㉡ 열 생산: 근세포들의 분해작용을 통해서 체열생산
> ㉢ 신체의 운동: 근섬유의 수축을 통해서 호흡운동을 일으키고 감정의 표현
>
> ② **불수의근(Involuntary Muscle)**
> ㉠ 물질의 촉진: 내장근의 수축에 의해 앞으로 촉진되며 혈관내의 혈액이 흐름
> ㉡ 물질의 배출: 신장이나 방광에서의 배뇨와 직장에서의 배변처럼 불필요한 물질배출
> ㉢ 입구크기의 조절: 눈의 동공, 항문의 조임근에서 크기를 조절

3) 신경계통(Nervous System)

(1) 신경계의 기능
① 신체의 조절체계이며 의사소통 체계이다.
② 내분비계와 함께 항상성을 조절한다.
③ 신체 전달 작용이 매우 빠르며 복잡하고 필요에 의해 환경을 변화시킨다.
④ 몸의 많은 기능들을 담당한다.

(2) 신경계의 구성
① 중추신경계(CNS)

㉠ 뇌(brain) : 대뇌, 소뇌, 간뇌, 뇌간(중뇌, 뇌교, 연수)
㉡ 척추(spinal cord) : 척수 안에 있는 신경

② 말초신경계(PNS)
㉠ 체성신경계 : 뇌와 척수에서 시작, 뇌신경(12쌍), 척수신경(31쌍)
㉡ 자율신경계 : 교감신경(척수에서 시작), 부교감신경(뇌와 척수에서 시작)

(3) 신경세포의 구조
① 신경세포(Neuron) : 뉴런은 받은 자극을 다른 세포로 전달하는 기능담당을 한다.
  ㉠ 신경세포체(nerve cell body) : 신경세포의 몸체로서 뉴런의 성장과 물질대사 관여 한다.
  ㉡ 수상돌기(dendrites) : 다른 뉴런의 수상돌기와 축삭돌기들과 접촉하여 정보를 받아 들여 신경세포체로 전달하는 역할을 한다.
  ㉢ 축삭돌기(axon) : 신경세포체로부터 뻗은 한 줄의 긴 돌기로 흥분을 신경종말로 달하는 통로역할을 하는 신경섬유이다.
  ㉣ 신경종말(axon terminals) : 신경전달물질이 저장되어 신경충동에 따라 이를 시냅스로 분비한다.
  ㉤ 시냅스(synapse) : 한 뉴런과 다음 뉴런 사이의 기능적 연결부를 말하며, 한 뉴런의 신경종말은 시냅스를 거쳐 다음 뉴런으로 연결된다.
② 신경교세포(Neuroglia cell) : 신경세포의 지지작용, 탐식작용, 영양공급작용을 통해 뉴런을 보호하고 뉴런의 기능을 보조하는 역할을 한다.
  ㉠ 성상세포(astrocyte) : 뇌모세혈관부위에서 혈액뇌장벽을 형성하여 아모니아 독소가 뇌로 침입하는 것을 막는다.
  ㉡ 희돌기세포(oligodendrocyte) : 축삭돌기를 둘러싸는 수초를 형성하여 정보가 빨리 전달되도록 돕는 역할을 한다.

ⓒ 소교세포(microglia) : 면역기능을 담당하는 세포로 죽은 세포를 처리하는 식세 포작용을 한다.

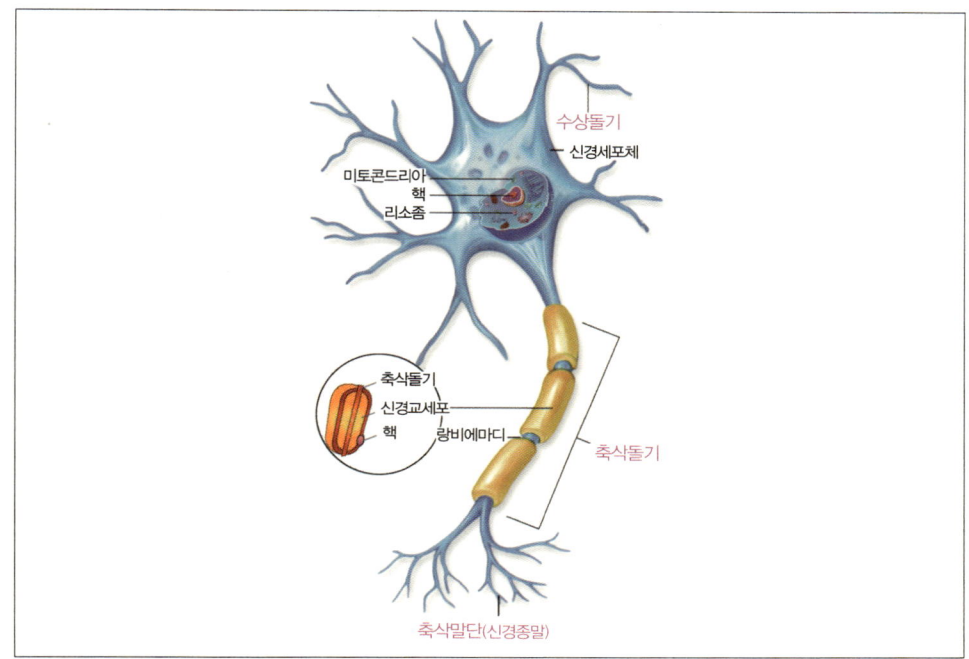

[그림 뉴런의 구조]

(4) 신경세포의 흥분의 전달

한 뉴런이 다음 뉴런과 접속하고 있는 부위를 시냅스라고 하며, 신경계의 활동은 시냅스 전 뉴런의 흥분을 시냅스 후 뉴런으로 전달함으로써 이루어진다.

① 시냅스 전달 방식
  ㉠ 전기적 시냅스(electrical synapse) : 세포와 세포사이가 직접 통로로 연결되어 있어 이온이나 분자를 통로로 통해 직접전달하는 방식이다.

ⓒ 화학적 시냅스(chemical synapse) : 신경전달물을 시냅스 간격으로 분비하여 흥분을 전달하는 방식이며, 아세·콜린, 노르에피네프린, 세로토닌 등이 있다.

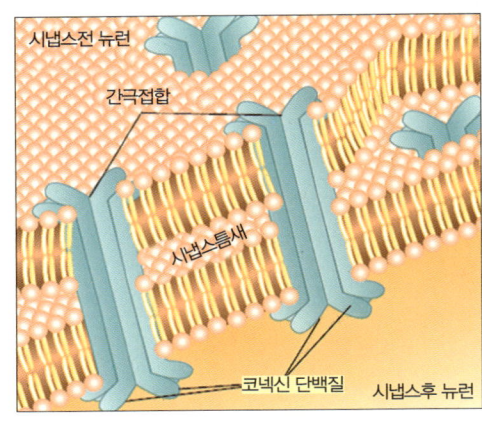

[그림 전기적 시냅스]   [그림 화학적 시냅스]

[시냅스를 통한 흥분 전달]

> **TIP**
> **말초신경**
> • **교감신경** : 긴장 또는 운동 시 활동이 항진되는 신경
> • **부교감신경** : 교감신경과 길항작용을 하는 안정 시 활동하는 신경

4) 내분비계통(Endocrine System)

신체 내에서 외분비선, 내분비선, 자가분비 등의 분비원이 있다.

(1) 체내 분비선의 특징

① 외분비선(exocrine gland) : 침샘, 땀샘, 눈물샘, 소화샘 등 도관을 통해 체외 또는 소화관으로 분비한다.

② 내분비선(endocrine gland): 특별한 도관이 없이 분비선을 직접 혈액 또는 림프액으로 분비한다.

③ 자가분비(autocrine): 조직세포에서 생성되어 한 조직 내의 다른 세포를 조절하는 것을 말한다.

(2) 호르몬(Hormone)의 기능

① 체내 생리기능을 조절 및 통합하며, 혈액순환 원활하게 한다.

② 발육과 성장의 조절기능을 하며, 미량으로 큰 효과를 발생시킨다.

③ 자율적인 운동이나 성행위 같은 특수 행동을 조절한다.

④ 내분비샘에서 유리되는 화학적 전령으로서, 과잉 또는 부족 시 인체에 문제가 생긴다.

(3) 내분비선의 종류와 호르몬의 기능

인체의 내분비선에는 뇌하수체, 갑상선, 부갑상선, 부신, 췌장, 난소와 정소, 송과체, 흉선 등이 있다.

① 시상하부(hypothalamus) 내분비선 호르몬과 기능
  ㉠ 성장호르몬방출호르몬(GHRH): 성장호르몬 분비촉진
  ㉡ 갑상선자극호르몬방출호르몬(TRH): 갑상선자극호르몬 분비촉진
  ㉢ 부신피질자극호르몬방출호르몬(CRH): 부신피질자극호르몬 분비촉진
  ㉣ 성선자극호르몬방출호르몬(GnRH): 황체형성호르몬과 여포자극호르몬 분비촉진
  ㉤ 도파민(dopamine, DA): 프로락틴 분비촉진
  ㉥ 소마토스타틴(somatostatin, SS): 성장호르몬 분비억제

② 뇌하수체 (pituitary gland) 내분비선 호르몬 종류과 기능
　㉠ 뇌하수체 전엽 호르몬(pituitary anterior lobe hormone) 종류와 기능
　　· 성장호르몬(GH): 성장촉진, 단백질 합성, 혈당상승
　　· 갑상선자극호르몬(TSH): 갑상선 호르몬 분비
　　· 부신피질자극호르몬(ACTH): 부신피질호르몬 분비
　　· 프로락틴(Prolactin): 분만 후 유즙분비촉진
　　· 여포자극호르몬(FSH): 남성은 정자생산, 여성은 난소에서 난포성장
　　· 황체형성호르몬(LH): 남성은 고환에서의 테스토스테론생산, 여성은 난소에서의 에스트라디올 생산
　㉡ 뇌하수체 중엽 호르몬(pituotary intermediate lobe hormone) 종류와 기능
　　· 멜라닌세포 자극 호르몬(MSH): 멜라닌(melanin)의 합성을 촉진하고, 피부와 눈, 뇌에서 멜라닌색소의 형성을 조절
　㉢ 뇌하수체 후엽 호르몬(pituitary posterior hormone) 종류와 기능
　　· 옥시토신(Oxytocin): 모유분비
　　· 항이뇨호르몬(ADH): 신장에서 수분의 재흡수 촉진

③ 갑상선(Thyroid gland) 내분비선 호르몬 종류와 기능
　　· 티록신(thyroxine): 대사율 항진, 성장촉진
　　· 트리요오드타이로닌(triiodothyronine T3): 뇌의 발달과 기능
　　· 칼시토닌(calcitonine): 혈장칼슘저하

④ 부갑상선(Parathyroid hormone) 내분비선 호르몬 종류와 기능
　　· 부갑성선 호르몬: 혈장칼순과 인 조절, 1, 25-디히드록시바타민D의 생성

⑤ 부신피질(Adrenal cortex) 내분비선 호르몬 종류와 기능

- 알도스테론(aldosterone): 신장에서 나트륨과 칼륨배출
- 글루코코르티코이드(glucocorticoids): 물질대사, 스트레스 대한 반응
- 안드로겐(androgen): 남성호르몬과 동일

⑥ 부신수질(Adrenal medulla) 내분비선 호르몬 종류와 기능
- 에피네프린(adrenaline): 물질대사촉진, 심장혈관 운동 항진
- 노르에피네프린(noradrenaline): 스트레스에 대한 반응

⑦ 췌장(Pancreas) 내분비선 호르몬 종류와 기능
- 인슐린(insulin): 혈당저하, 동화작용에 관여
- 글루카곤(glucagon): 혈당상승, 이화작용에 관여
- 소마토스타틴(somatostatin): 성장호르몬, 갑상선자극호르몬, 인슐린과 글루카곤의 분비억제

⑧ 성선 내분비선 호르몬 종류와 기능
- 에스트로겐(estrogen): 여성생식계 발달, 여포발달
- 프로게스테론(progesterone): 임신상태유지, 체온증가
- 테스토스테론(testosterone): 생식계 발달, 2차 성징 발현, 근육발달

⑨ 송과체(Pineal Gland) 내분비선 호르몬 종류와 기능
- 멜라토닌(melatonin): 신체리듬, 사춘기의 조기 발현 방지

⑩ 흉선(Thymus) 내분비선 호르몬 종류와 기능
- 티모포이에틴: T-림프구 기능

⑪ 소화기계 내분비선 호르몬 종류와 기능
- 가스트린(gastrin) : 위 운동과 위산 분비촉진
- 콜레시스토키닌(cholecystokinin) : 췌장효소분비와 담낭 수축 촉진
- 세크레틴(secretin) : 중탄산염 분비촉진
- 조혈인자(enterogastone) : 위 운동과 위액 분비 억제

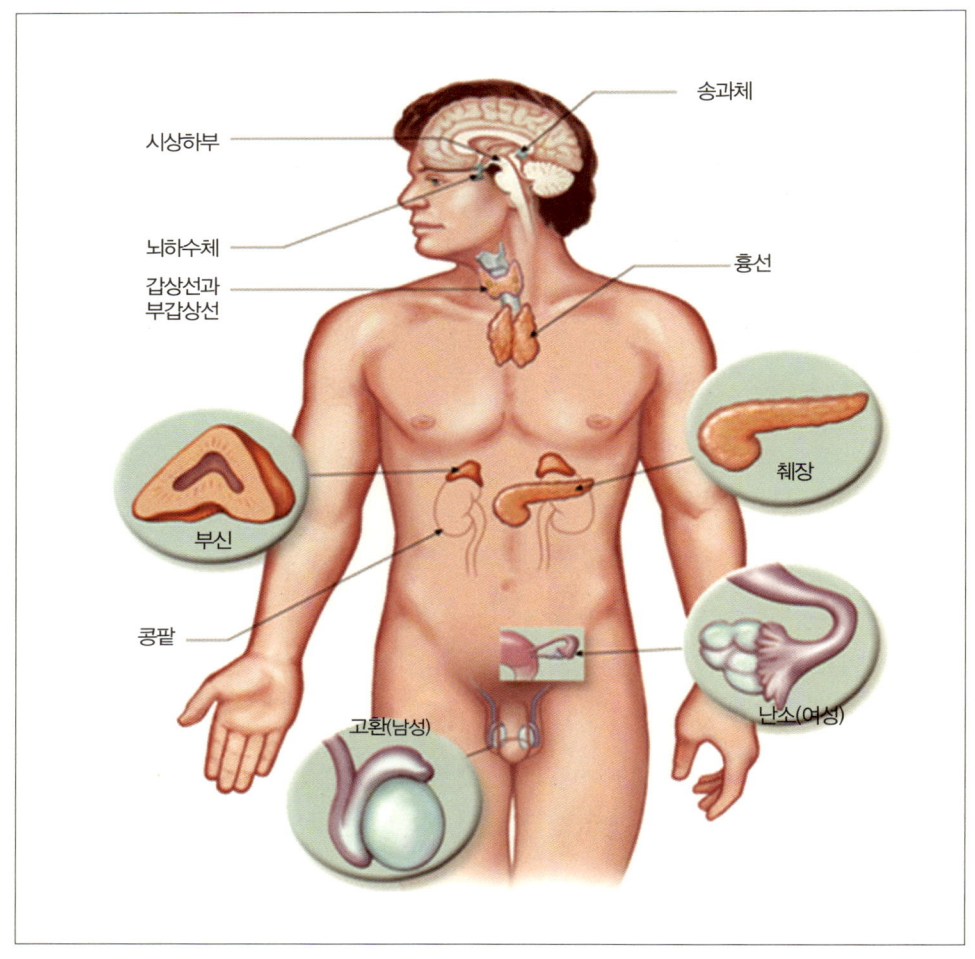

[그림 내분비선의 위치]

TIP

호르몬과 신경계의 비교

구분	호르몬	신경계
반응속도 및 특징	지속적이고 완만한	즉각적이고 신속한
자극전달매체	혈액	뉴런
전달특징	표적기관에만 작용	일정한 방향으로 전달
작용범위	넓음	좁음

BASIC SKIN CARE

Chapter 3

전신관리

1. 전신관리의 목적과 효과
2. 전신관리의 종류 및 방법

Chapter 3.
전신관리

1. 전신관리의 목적과 효과

　전신관리를 통하여 인체의 순환과 피로 회복을 도와주어 신체건강을 유지하여 주며 체형을 아름답게 만들어주는 효과이다.

① 전신의 신진대사의 도움을 준다.
② 피부의 탄력을 주어 피부에 활력을 준다.
③ 림프 순환에 도움을 준다.
④ 셀룰라이트의 형성을 예방하여 준다.
⑤ 피부의 노폐물 배출로 인해 혈행의 순환을 원활히한다.
⑥ 면역을 증가시켜 감염으로부터 예방을 도와준다.
⑦ 혈압의 정성화로 인해 신진대사가 원활하게 된다.
⑧ 비만을 예방하여 준다.
⑨ 근육의 긴장감을 줄이고 이완하여 줌으로써 몸의 건강실루엣을 형성한다.
⑩ 피부의 활력을 불어넣어준다.

2. 전신관리의 종류 및 방법

1) 아로마테라피(Aromatheraphy)

(1) 아로마테라피의 개념
① 정신적인 스트레스를 완화하고 평안한 상태를 고양시킴으로써 건강과 활력을 증진시키기 위하여 에센셜 오일을 치료적으로 사용되었다.
② 아로마는 식물에서 추출한 천연의 물질을 이용하여 신체와 마음과, 영적인 건강상태를 증진시키기 위하여 사용되었다.
③ 개개인의 타고난 정신적, 신체적, 영적인 반응에 대한 영역을 구하는 예술이며, 과학적 학문이다.
④ 신체적 건강 뿐만 아니라, 정신적, 감성적, 사회적, 더 나아가 영적인 측면까지를 최적으로 돌보는 관리체계의 하나로 전인적인 관련이 되어 있는 학문이다.

(2) 아로마테라피의 역사
① 고대 이집트

고대 이집트 인들은 아로마테라피의 개척자로서 기원전 3950년 경 올리브의 열매를 압착하여 얻은 식물유가 개발되었으며, 방향성 식물에 대한 많은 방대한 지식으로 건강을 위한 소유, 화장품과 종교적(향), 의학적 용도, 시신의 장례를 위한 방부의 처리목적으로 사용되었다.

  가. 건강을 위한 소유
  나. 방부효과: 감송, 샌들우드, 사이프러스, 미르(myrrh)와 센다우드(cedar-wood), 프랑켄센스, 클로버, 계피 등 미라의 방부 처리용으로 사용
  다. 조상숭배의 의미: 달의신(myrrh), 태양의 신(frankincence), 오리시스 숭배(marjoram)를 사용

② 그리스, 로마

그리스는 올리브 오일을 사용하여 꽃잎이나 허브로부터 향을 흡수하여 이것으로 향유를 만들고 미용과 의료의 용도로 사용하였으며, 그리스의 병사들은 전쟁터에 나갈 때 상처 치유목적으로 미르를 원료로 한 연고를 만들어서 사용하였다고 한다.

프랑켄센스(frankincense), 미르(myrrh), 로즈(rose)와 오피엄(아편, opium)과 같은 의학적 용도로 사용하였으며, 의학의 아버지라 불리는 히포크라테스는 '건강에 이르는 길은 매일 향기로운 목욕과 향유로 마사지를 받는 것'이라 하였다.

로마인을 의사로 고용, 그들이 가진 아로마 오일에 대한 지식을 로마인들과 공유하였으며, 군의들, 군의사와 함께 이동시 치료제(와인세척제와 몰약-화상, 염증완화), 의료적 목적 뿐 아니라 미용의 목적으로도 사용하였다. 일반인들과 상류층과의 문화는 확연히 차이가 났으며, 상류층들은 목욕하기 전 후에 향유를 사용하였다. 그 중 네로 황제는 마조람, 펜넬(Fennel), 세이지(Sage), 로즈마리(Rosemary), 백리향(Thyme)과 같은 향기 있는 식물들과 그 종자를 수집하였다고 한다.

> **TIP**
>
> **히포그라테스의 주장**
> : 대기, 지구, 물, 불, 체액으로 구성
> · 기원전 4세기경 각종 질병치료 사용에 쓰임
> (환자의 반응을 개별적으로 연구하고 질병치유를 위해 치료방법을 달리함)
> · 건강이란 매일 목욕을 하고 향유로 마사지를 받는 것
>
> **갈렌(총 5개 단원)의 주장**
> · Myrrh-치아를 단단하게 하며 최면효과
> · Junniper-이뇨촉진제
> · Majoram-최면제
> · Cypress-위(설사)의 연동, 피의지혈기능
> · Costus-성욕 증진(최음제)

③ 중세

중세는 초기, 중기, 후기로 나눌 수 있다.

㉠ 중세초기 10세기에 아랍의 물리학자 아비세나(Avicena AD 980~1037)는 식물과 식물이 인체에 미치는 효과에 대한 많은 책 저술하였다. 또한 식물로부터 에센셜 오일을 추출하는 증류방법이 처음 고안되어 로즈(rose)가 처음 사용되었다.

㉡ 중세 중기, 후기인 14세기부터 17세기까지 유럽은 전염병의 큰 재앙 향기가 나는 나무로 길에 모닥불을 피워서 공기 정화 시나몬과 클로브(clove)로 이루어진 포맨더를 사용(장티푸스, 콜레라균을 죽임) 되었으며, 의사들은 균을 죽이기 위해 방향허브(시나몬과 클로브)를 함유하고 있는 마스크 착용하였다.

㉢ 그 외에 1950년경, 프랑스 남부의 그라스지방에서 향기 식물이 본격적으로 재배되기 시작하여 지중해의 온화한 기후와 비옥한 토지에 에센셜 오일을 다량 추출하였다.

④ 근대

18세기 프랑스 에센셜 오일의 활용법에 대한 연구 시작되었으며, 19세기 무렵 에센셜오일의 각종 화학성분을 분석하여, 향기물질이 인체에 미치는 작용이 일부과학적 증명을 시도하였다. 또한 19세기 말경 과학적인 현대의학과 합성화학의 발달로 저렴한 가격으로 의약품이 대량 생산되면서 아로마테라피에 대한 관심이 멀어지게 되었다.

⑤ 현대

㉠ 르네모리스 가트포세(Rene-Maurice Gattefosse)
- 1937년 프랑스 화학자 가트포세는 화학성분의 방부제보다 더 우수한 방부제 역할을 한다는 것을 발견하였다.

- 1928년 "aromatherapie" 책을 발간하였으며, 아로마테라피란 용어를 처음 사용하였다. 근대 아로마 치료의 아버지라 불리우며, 아로마에 대한 꾸준한 연구를 시행하였다.

ⓒ 쟝 바넷 박사(Dr. Jean Valet)

- 1940~1950년대 프랑스군 외과 의사로서 2차 세계대전 중에 부상받은 군인들은 치료하기 위해 에센셜 오일을 사용하였다. 정신과 병동에서 정신적 문제가 생긴 환자들을 위해 에센셜 오일 사용하여 효과적인 치료법으로 발표하였다.
- 1964년 "The practice of Aromatherapy" 발간 뿐 아니라 이외에도 여러 논문을 발표하였다.

ⓒ 마가렛 모리 여사(Madame Marguerite Maury)

- 프랑스 생화학자 사람들이 에센셜 오일을 내복하는 것을 원하지 않았고, 에센셜 오일을 외부적으로 바르기로 결심하고 그것이 신체적, 정신적으로 우리에게 미치는 효과에 대해 연구하여 에센셜 오일을 희석하고 마사지를 통하여 바르는 방법을 개발하였다.
- 1950년대 영국으로 건너가 아로마테라피 클리닉을 런던에 세우고 뷰티테라피스트들에게 마사지를 통해 오일을 사용하는 방법을 교육하였으며, 미용과 건강에 대한 꾸준한 연구를 하였다.

ⓔ 마세린 아처(Micheline Arcier)

- 1959년 쟝발넷 박사와 교류하여 아로마테라피를 발전시키고 아로마테라피 마사지를 만들었다.

ⓜ 로버트 티져랜드(Robert Tisserrands)

- 아로마테라피를 처음으로 영어로 대중에게 알려졌으며, 1977년 영국의 'The Art of Aromatherapy'라는 책을 소개하였다.

(3) 아로마테라피의 주의 사항

① 가연성이 매우 높으므로 불 가까이 사용하는 것은 바람직하지 않다.

② 절대로 내복해서는 안 된다.

③ 환기가 잘 되는 곳에서 사용해야 한다.

④ 흘리거나 엎지른 것은 바로 깨끗이 치워야 한다.

⑤ 고객이 예민하거나 알레르기 피부를 가진 경우에는 오일 사용 전에 반드시 피부 테스트를 하도록 한다.

⑥ 특정한 금기사항에 대해 완전한 이해를 통해서 선택한 정유를 사용함에 있어서 신중할 수 있다.

⑦ 고객에게 사용한 정유와 그 양에 대하여 항상 정확하게 기록하도록 한다.(메스꺼움, 두통, 피부염증 등과 같은 변화)

⑧ 희석하지 않고 원액 그대로 피부에 사용하지 않는다.(단 티트리, 라벤더는 화상, 벌레 물린 데, 여드름, 피부발진에 소량사용, 극히 민감한 경우 한한다)

⑨ 감광성에 주의한다.
- 색소침착의 우려, 버가못, 라임, 오렌지 스위트, 레몬, 그레이프루트 순으로 주로 밤에 사용, 자외선 노출은 사용 후 6시간이 지난 후 사용 가능

⑩ 임산부, 고혈압 환자에게 금지된 오일을 사용하지 않는다.
- 임신 3개월 간은 유산가능성으로 인해 사용을 금하며, 3개월 후 로는 로즈, 네롤리, 라벤더, 일랑일랑, 캐모마일 로먼, 제라늄, 프랑킨센스, 버거못, 레몬 등

⑪ 어린이에게 사용 주의한다.
- 3개월 미만 에센셜 오일 사용 금지, 3~7개월 어른의 1/4, 7~16세 어른의 1/3~1/2로 희석, 유아인 12세 이하의 어린이, 노약자는 캐리어 오일의 1%사용 (예: 캐리어 5ml의 1%는 1방울) 어린이에게 사용 가능한 오일은 라벤더, 프랑킨센스, 네롤리, 페티그레인, 캐모마일 로먼 등

⑫ 오일을 다양하게 사용한다.

· 짧게는 3주, 길게는 3개월 이상 사용 금함

> **TIP**
>
> **오일의 보관**
>
> ① 오일은 오일분자를 손상시키는 자외선으로부터 보호하기 위해서 어두운 암갈색의 병에 보관해야 함
> · 햇빛이나 열, 금속 등의 영향을 받으면 색이 변함을 주의
> ② 병은 찬장과 같은 어둡고 차며 건조한 곳에 보관해야 하는데 이는 열이 정유 분자에 영향을 줌
> ③ 어린이들의 손이 닿지 않는 곳에 보관해야 함
> · 정유의 냄새 중 달콤한 것이 있음으로 주의
> ④ 공기 중의 산소와 접촉하여 산화하여 변질되는 것을 방지하기 위해 병뚜껑은 단단하게 닫음
> · 습기나 공기에 닿으면 산화되기 쉽기에 사용 후 밀폐
> ⑤ 보관 시 온도변화가 없어야 함.(실온15~20도)
> ⑥ 개봉되지 않은 제품은 약 2년, 개봉한 것은 1년
> ⑦ 드롭퍼에 에센셜 오일이 담겨 있지 않도록 주의

(4) 아로마 오일의 사용법 및 흡입경로

① 아로마 오일의 사용법

가. 마사지법

㉠ 내분비선에 영양을 주어 호르몬 균형을 유지해준다.

㉡ 피부세포의 활성화와 피지분비를 조절하며 노폐물 배출에 도움을 준다.

㉢ 얼굴 마사지시에는 1~1.5% 정도로 희석된 아로마 오일을 사용하고 전신마사지에는 2~3% 오일을 사용하는 것이 좋다.

나. 흡입법
- ㉠ 3~4방울의 에센셜 오일을 베게나 거즈에 떨어뜨려 흡입하는 방법과 방향기나 가습기를 이용하는 방법이 있다.
- ㉡ 심신의 안정 및 기분전환, 정신집중에 효과적이다.
- ㉢ 천식환자는 주의해야 한다.

다. 목욕법
- ㉠ 욕조에 따뜻한 물을 가득 받아 놓고 에센셜 오일을 8~15 방울과 소금 1스푼 또는 생크림 1/2 컵을 잘 섞어 저은 후 목욕을 한다.
- ㉡ 전신욕은 스트레스 해소와 피로를 풀어주고 체내의 독성물질을 신속하게 배출시키며, 혈액순환에 도움을 준다.
- ㉢ 족욕: 에센셜 오일 5~6방울이 첨가된 따뜻한 물에 10~15분 정도 발을 담근다.

라. 습포법
- ㉠ 근육통이나 멍든 데, 통증, 응급처치 등의 방법으로 사용한다.
- ㉡ 젖은 수건에 에센셜 오일을 떨어뜨려 통증 부위나 염증부위에 얹어 두어 완화시킬 수 있다.
- ㉢ 만성 질환 시 통증을 완화하고 혈액순환을 개선하여 준다.

② 아로마의 경로

가. 피부를 통한 흡수: 표피의 각질층-모세혈관-진피층-체액-림프계-온몸전달

나. 호흡을 통한 흡수: 코-부비강-인두-후두-기관지-폐(폐포)-혈관-온몸전달

다. 후각을 통한 흡수: 코-후각신경-변경계(감정조절)-뇌피질-시상하부-뇌하수체-호르몬-자율신경계-온몸전달

TIP

아로마 오일	기체	코	부비강	인두	후두	기관지	폐 (폐포)	혈관	온몸 전달
			후각 신경	뇌 (변연계)	뇌피질	시상 하부 (뇌하수체)	호르몬	자율 신경	온몸 전달
	액체	피부흡수 (표피의 각질층)	모세 혈관	진피층	체액	림프계	자육 신경계	온몸전달	

(5) 아로마 오일의 종류

① 에센셜 오일의 종류와 효능

추출부위	효능	오일
꽃	성기능 강화, 항우울증 작용	자스민, 네롤리, 일랑일랑, 로즈등
꽃잎	해독작용	로즈마리, 라벤더, 페퍼민트, 바질등
잎	호흡기 질환	티트리, 파출리, 페티그레인, 유칼립튜스
감귤류의 껍질	기분전환, 원기왕성	오렌지 스위트, 만다린, 레몬 등
열매	해독작용, 이뇨작용	패널, 블랙페퍼, 쥬니퍼 베리 등
수지	이완작용, 호흡기질환, 소독, 살균작용	프랑킨센스, 몰약 등
나무	비뇨, 생식기관 감염치료	시더우드, 로즈우드, 샌들우드 등
뿌리	신경계 질환진정작용	베티버, 진저(생강), 안젤리카 등

② 케리어 오일(베이스 오일)

㉠ 호호바 오일(JoJoba oil)

ⓒ 스위트 아몬드 오일(Sweet almond oil)

ⓒ 아보카도 오일(Avocado oil)

ⓔ 그레이프씨드 오일(Grapeseed oil)

ⓜ 살구씨 오일(Apricot kernel oil)

ⓗ 코코넛 오일(Coconut oil)

ⓢ 윗점오일

(6) 아로마 오일의 추출방법

① 수증기 증류법

　㉠ 에센셜 오일의 추출법으로 가장 오래된 방법으로 80% 이상이 이 방법으로 추출된다.

　㉡ 증기와 열, 농축의 과정을 거쳐 추출하는 방식으로 에센셜 오일이 수증기와 함께 추출되어 냉각관에서 물과 오일로 분류된다.

　㉢ 대량으로 고온에서 에센셜 오일을 추출하는 방법이므로 특정성분이 파괴되는 단점이 있다.

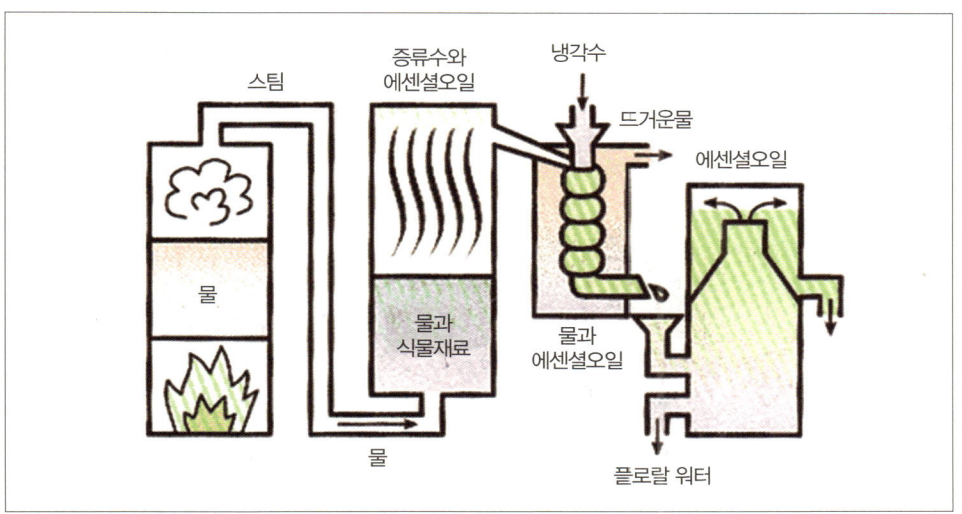

② 압축법
  ㉠ 레몬, 오렌지, 버가못, 포도, 탄저린과 같은 과일이나 열매에서 에센셜 오일을 추출하는 데 적합한 방법이다.
  ㉡ 영양분이나 순수한 성분을 간직한 에센셜 오일의 추출이 가능하다
  ㉢ 압축법으로 추출된 에센셜 오일은 변질되기 쉬운 단점이 있다.

③ 용매추출법
  ㉠ 꽃이나 수지 등을 추출하는 방법으로 꽃의 경우에는 용매제로 아세톤을 사용한다.
  ㉡ 용매제인 아세톤이나 알코올 등을 꽃이나 수지와 혼합하여 서서히 열을 가하여 추출 용액에서 용매는 휘발시키고 용액은 여과시켜 추출한다.
  ㉢ 경제적이라는 장점이 있으나 순수한 향이나 영양분이 없어질 수 있는 단점이 있다.

④ 초임계 유체법
  ㉠ 초순도의 에센스를 얻고자 하는 경우에 사용된다.

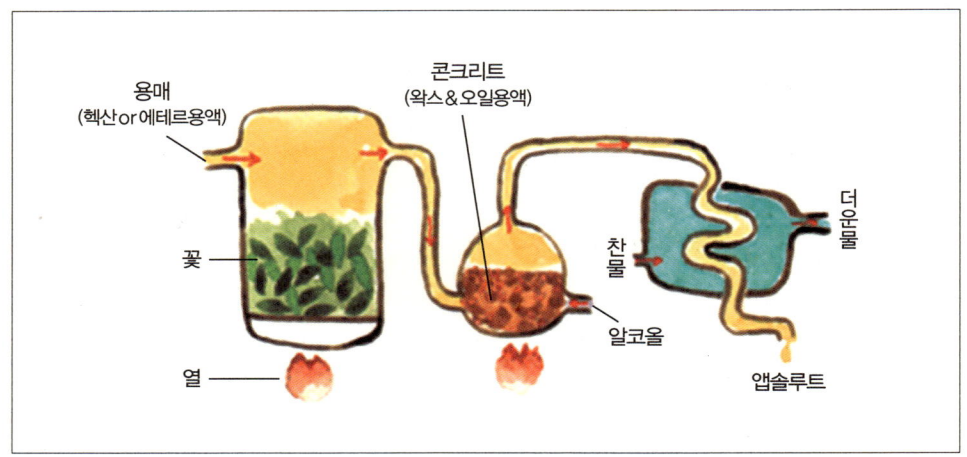

2) 림프드레나쥐

(1) 림프 마사지의 개념

림프마사지는 모세혈관-림프절-좌, 우림프관-좌, 우 쇄골하정맥-대정맥-심장으로의 순환되는 마사지로 간질성 공간에서 모세혈관의 림프관으로 이동하면서 림프액이 이동하면서 모세림프관을 통해 림프절로 이동하면서 림프액이 여과된다. 림프는 우리 몸의 노폐물을 배출하는 면역기관으로 혈액이 할 수 없는 분진, 단백질 덩어리, 세균 및 바이러스를 림프액에서 순환시키는 역할을 한다.

(2) 림프 마사지의 역사

림프마사지는 1930년대에 덴마크의 생물학자이면서 마사지사인 Dr. Emil Vodder와 그의 부인 Estid가 최초로 만들어냈다. 또한 림프계에 대한 설명을 1936년에 파리에서 이 새로운 마사지 법인 림프마사지(manuelle Lymphdrainage)를 통하여 처음 선보였다. 1957년 비엔나에서 개최되었던 CIDESCO에서 처음 피부관리사들에 의해 사용되었다. 이후 1985년 우리나라는 한독피부미용학원이 개원되면서 림프마사지에 대한 대중화 교육이 시작되었고, 현재는 2008년 피부 국가자격증이 시행되면서 림프마사지에 대한 보급이 원활히 되었다.

(3) 림프의 구조

림프관, 림프 모세관, 림프절로 구성되어 있고, 림프관이 미세하게 갈라진 조직에 광범위하게 분포된 림프를 모세관이라 한다. 이곳에 림프액이 흐르고 림프구와 백혈구가 함유되어 세균을 방어하고 면역체계를 만든다.

① 림프액
㉠ 물, 죽은세포, 지방, 단백질, 염분, 글루코오스, 요소, 백혈구로 구성되어 있는

무색의 깨끗한 액체상태이다.
ⓒ 림프는 조직 사이에 남아 있게 되는 조직액의 일부로 모세림프관으로 들어가 림프액을 형성한다.

② 모세림프관
㉠ 끝이 막힌 관으로 현미경으로 관찰되며 모세혈관망과 평행을 이룬 복잡한 망을 형성하며 간질(Interstitium : 섬유성)의 공간까지 뻗어 있다.
㉡ 모세림프관은 모세혈관과 같이 단층 편평상피로 있으며, 간질공간에서부터 모세림관으로 조직액이 들어가는 것을 가능하도록 하게 해주는 얇은 벽을 형성한다.
㉢ 구조는 모세혈관과 유사하나 모세림프관은 역류를 막아주는 많은 판막을 가지고 있으며 하나의 판막사이를 림판지온이라 부른다.
㉣ 모세림프관은 모세혈관에서 나온 대부분의 단백질 분자를 통과시키고, 박테리아나 외부의 이물질을 조직액으로 들어가지 못하게 하며 이것들을 배출시키는 기능을 한다.
㉤ 모세림프관은 인체의 모든 각 기관에 분포되어 있으나 혈관이 없는 조직에는 존재하지 않는다.

③ 림프절의 종류
㉠ 목 림프절 : 턱밑의 경계를 따라 귀의 앞과 뒤의 큰 혈관을 따라 목 안의 깊숙한 곳의 위치하고 있다. 또한 얼굴과 두피에서 나오는 림프관과 유입이 되어 들어온다.
㉡ 액와 림프절 : 겨드랑이 부분에 위치하고 있으며, 팔과 흉곽의 벽, 유선 복부의 윗벽에서 나오는 림프관에서 림프액이 유입이 되어 들어온다.
㉢ 흉강 림프절 : 가슴부위에 위치하고 있으며, 흉부내장과 흉부의 내부벽에 림프

액이 유입되어 들어온다.
② 복강 림프절: 내장사이의 동맥과 복부동맥을 따라 사슬로 연결되어 있으며, 복부 내장으로부터 림프액이 들어온다.
⑩ 골반강 림프절: 엉덩이뼈 주위의 혈관을 따라 형성되어 있으며, 엉덩이뼈 주위의 림프액을 받아서 배출한다.
⑪ 서혜부 림프절: 서혜부위의 림프절은 다리와 외부 생식기 및 아래 복부벽에서 림프을 유입하여 배출시킨다.

> **TIP**
>
> **림프마사지를 하지 말아야 하는 사람**
> ① 악성종양이 있는 피부
> ② 급성 염증이 생긴 피부
> ③ 임신 3개월까지(적어도 6개월이 지난 후에 관리를 받는 것이 좋음)
> ④ 급성 전염병
> ⑤ 혈전증의 경우(혈전증은 혈관내부에 혈전이 생겨 발생한다.)
> ⑥ 심장부종
> ⑦ 림프절에 부종 등 이상이 있을 때

④ 림프마사지가 필요한 사람
㉠ 기계적인 자극을 하지 말아야 되는 민감하고 약한 피부
㉡ 필링을 하고 난 후 회복기가 필요한 피부
㉢ 알레르기성을 가지고 있는 피부
㉣ 성형 후 회복기가 필요한 피부
㉤ 주사(Rosacea), 모세혈관확장증(Teleangiektasia), 홍반(erythema)의 피부를 가진 사람

ⓑ 스트레스, 신경과민인 고객의 피부

ⓢ 튼살(Striae)로 인한 임산부의 피부

ⓞ 비만으로 인한 튼살(Striae)을 관리해야 하는 피부

ⓩ Cellulite를 가지고 있는 피부

ⓒ 멍으로 인한 피부표피가 약해진 피부

TIP

림프마사지의 기본동작

① 정지 상태 원 그리기(Sationary Circle)
② 엄지 고정 원 그리기(Thumb Circle)
③ 펌프 기법(Pump Technique)
④ 회전 기법(Rotary Technique)

림프드레나쥐 동작의 특징

① 문지르기 동작이 없다.
② 손을 한자리에 놓고 림프 흐르는 방향으로 일정한 압력을 주어 누르는 동작으로 이어간다.
③ 림프관내의 압력은 혈관(30mmHg)보다 약하므로 일반마사지 할 때보다 누르는 힘을 적게 할 것
④ 누르는 동작을 흡사 원을 그리는 것처럼 나선으로 압력을 준다.
⑤ 림프절(임파선)이 모여 있는 곳으로 림프를 몰아간다. 즉 림프의 흐르는 방향을 따라서 펌프질을 한다. 다시 말하면 원을 그리듯이 나선형으로 힘을 주면서 피부 속을 향해 부드럽게 지긋이 눌렀다가 천천히 손을 최종으로는 쇄골아래의 terminus로 림프를 몰아간다.
⑥ 림프절이 많이 모여 있는 곳(예를 들면 액와 림프절)에서는 가볍게 누르며 떼는 동작으로 마사지한다. 림프절은 무릎 뒤, 서혜부, 액와부, 목 양옆, 턱밑, 귀밑, 뱃속 등에 무리를 이루어 있다.

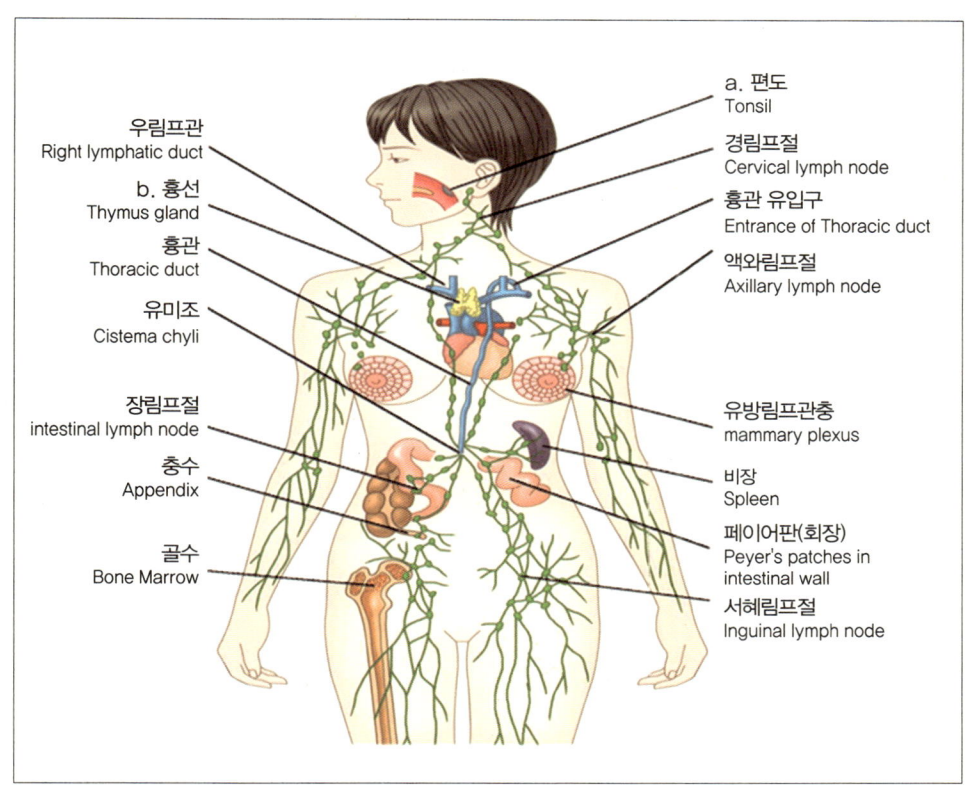

[그림 림프기관]

3) 경락

(1) 경락의 개념

경락은 경맥과 낙맥의 흐름의 교차점으로 기의 흐름이 원활한 상태를 유지하게 만드는 것을 말한다. 기의 흐름의 정체는 신진대사의 문제를 악화시키며 건강하고 안녕을 위해야 하는 인체의 흐름에 변화를 가져온다. 이로 인해 경락은 경맥과 낙맥의 교차점(혈점)을 찾아 혈액의 순환을 도와주며 이에 동양에서는 오행의 순환을 알아야 한다고 가르치고 있으며 동양철학에서는 오행에 대한 자연스런 흐름과 우리의 인체와의 관계를 많은 자료를 통해 설명하여 주고 있다.

(2) 경락의 계통

경맥	12경맥	수삼음경	수태음폐경
			수소음심경
			수궐음심포경
		수삼양경	수양명 대장경
			수태양소장경
			수소양삼초경
		족삼음경	족태음비경
			족소음심경
			족궐음간경
		족삼양경	족양명위경
			족태양방광경
			족소양담경

음			양		
태음	수	폐경	양명	수	대장경
	족	비경		족	위경
소음	수	심경	태양	수	소장경
	족	신경		족	방광경
궐음	수	심포경	소양	수	삼초경
	족	간경		족	담경

(3) 음양의 개념

　음양의 사전적 의미는 천지 만물의 서로 반대되는 두 가지 성질로 정의한다. 음(陰)과 양(陽) 이라는 글자는 원래 언덕(部)을 떼어버린 음, 양으로서 음(陰)이란 글자는 구름은 보이고 해는 보이지 않는 모습이며, 양(陽)이란 구름이 걷혀 해가 보이는 모습을 나타내는 글자이다. 그런데 이 덧붙여져서 산의 양지와 응달을 의미하게 되었다. 이처럼 음양은 대립되면서 상대적인 것을 표현하는 개념을 말한다.

[음양의 속성]

양	하늘	천지	낮	춘하	뜨겁다	밝다	상승	적극적	남	위	흥분	육부
음	땅	지지	밤	동지	차갑다	어둡다	하강	소극적	여	아래	억제	오장

(4) 오행의 개념

오행의 오는 목, 화, 토, 금, 수의 다섯 가지 사물을 말하며, 행은 변화, 운동을 뜻한다고 볼 수 있다. 음양이 일기의 운동과 변화라면 오행은 개별적인 기사이의 관계라 볼 수 있다.

목에서 나무는 순수한 나무가 아니고 나무의 수직상승하여 자라고 뻗는 기를 말하며, 나무는 그러한 속성을 가진 자연요소들에 불과하다.

나무에서 목의 속성을 불에서 화의 속성을 흙에서 토의 속성을, 돌에서 금의 속성을, 물에서 수의 속성을 찾아 이해하여야 한다.

[오행의 배속]

분류	목	화	토	금	수
기본	부드럽고, 상승	확산의 열기	미지근, 응집력	긴장, 결정력	차고, 연함
천간	갑	병	무	경	임
	을	정	기	신	계
지지	인	오	진, 술	신	자
	묘	사	축, 미	유	해
오장	간	심	비	폐	신
오부	담	소	위	대장	방광
오방	동	남	중앙	서	북
오계	봄	여름	환절기	가을	겨울
오색	청	적	황	백	흑
오미	신맛	쓴맛	단맛	매운맛	짠맛
오기	풍	열	습	조	한
오지	노	희	사려	비, 우	공, 경
오관	눈	혀	입	코	귀
오체	근	혈	육	피모	골

4) 발 반사 매뉴얼 테크닉(Foot Reflexzone Massage)

(1) 발 반사 개념

발 반사요법은 엄지, 다른 손가락들 그리고 지압봉을 이용하여 발이나 손에 압력을 가하는 관리이며, 발의 특정부위를 자극해줌으로써 그 부위와 관련된 조직과 기관이 반응하여 인체의 신진대사와 항상성 유지에 도움을 줄 수 있도록 하는 것이다. 또한 혈액순환 의 촉진과 더불어 침전물과 노폐물로 이루어진 결정들을 분해함으로 해당부위의 장기에 축전된 독소를 배출시킨다.

(2) 발 반사요법의 역사

발에는 신체의 각 부분과 연결되어 사용하는 반사점이 있는데 그 반사점에 자극을 가하면 관련되어 있는 신체의 기관이 활동하고 영향을 받게 되는 원리로 약 4,000년 이전으로 거슬러 올라가면 이집트, 인도, 중국에서 시작되어 근대이후 현재까지 세계 전역에서 발반 사구를 자극함으로 인체의 질병을 예방하고 치료하는 대체의학의 분야로 사용되고 있다.

① 이집트의 발 반사요법의 역사

기원전 2330년경에 세워진 이집트 앙크마호르(Ankhmahor)피라미드의 벽화에 발 반사요법을 활용하는 모습이 새겨져 있다. 그 벽화에는 남녀 하인들이 돌을 이용해 발을 자극하거나 서로 손과 발을 만져주는 모습이 상형문자로 나타나 있다.

[그림 이집트 앙크마호르(Ankhmahor)피라미드의 벽화]

② 중국의 발 반사요법의 역사

중국고대 의학저서인 황제내경(皇帝內經)의 소녀편(素女篇)기록되어 있는 '관지법' 혹은 '족심도'에서 발의 경혈점을 자극하여 그 반사자극으로 치료효과를 얻은 방법이 기록되어 있으며, 수 천년 전부터 신체의 피부 각 부위별 압력 마사지 기술이 중국에서부터 실제로 행해져 왔으며, 이것들이 지압이나 자극법의 시초이다.

③ 인도의 발 반사요법의 역사

BC 544년 탄생하여 470년까지 살았던 석가모니(고타마 싯다르타)를 기리기 위해 그 당시에 불교신자들이 석가모니의 발바닥에 발 반사구를 표시하여 돌에 새겨놓은 불족적이 일본에서 발견되었다고 한다.

④ 근대의 발 반사요법의 역사
- 19세기에 미국의 릴리(Joseph Selbey Riley) 박사에 의해 신경반사가 발에 존재한다는 경험적 임상이 발표되면서 발 반사요법의 이론을 구체화되었다.
- 20세기(근대)에서 미국인 의사 피츠제럴드(Dr. Fitzerald)는 몸이 여러 개의 영역으 구성되있음을 발견했다.
- 1919년 조 라일리는 발과 귀 반사점의 위치를 표시한 그림을 최초로 만들었으며, "Simplified zone therapy"로 알기 쉬운 부위치료를 저술했다.
- 그 후 영국, 스위스, 독일 등의 학자들도 연구 논문을 발표하였다. 스위스 간호사인 헤디 마사프렛(Hedi Masafret)는 "미래의 건강"이라는 책을 발간하였다.
- 스위스 신부인 Fr. Jose Eugster (중국명: 吳若石)가 자신의 골질병이었던 류머티즘을 Masafret의 책을 보고 치료한 후, 발 건강법에 대한 "오약석 신부의 병리안마법"을 일반인들에게 널리 보급하였다.
- 조라일리 조수였던 유니스 잉햄(Eunice Ingham)이 발바닥의 자극 반사에 관한 세부적인 도해를 만들었고, 1938년 "Stores the feed canell(발이 전하는 건강

이야기)"와 1963년 "Stories the feet have told (발과 건강)" 이라는 책을 집필했다.

· 우리나라에서는 1980년 이완분 역사(1924~1994)가 족심도에 의한 "건강강심법"을 출간하여 처음 알리기 시작했으며, 1980년 초반에 독일의 커리큘럼 도입하면서부터 피부미용산업에 하나로 자리매김하였다.

(3) 발 반사요법의 원리

① 신경반사원리

7,200여 개의 신경반사점이 있으며, 구역을 나누어 반사구를 만들어서 가상의 수직선을 이용하여 인체를 부두에서 발에 이르기까지 세포의 중앙선으로 양분하고 다시 좌우 각각 오등분하여 옆으로 평행하는 선으로 열두개의 구역을 나누고, 각각의 구역은 그 구역 안에서 각각의 장기와 관계가 있고, 뇌에서 척수를 거쳐 내려온 많은 신경들이 자극에 의 하여 반사운동을 일으키고 손과 발에 모여 있는 말초신경에서 그 반응이 나타나는 것이다. 즉 반사부위란 선을 따라 내려가며 인체의 각 기관에 반사점이 있다고 하여 부위는 서로 연결된 각 기관에 영향과 변화를 준다.

② 혈액순환원리

동맥, 정맥, 모세혈관이 그 역할을 충실히 하지 못하여 어느 한곳에 더러운 침전물이 쌓이게 되면 모든 세포나 각 기관

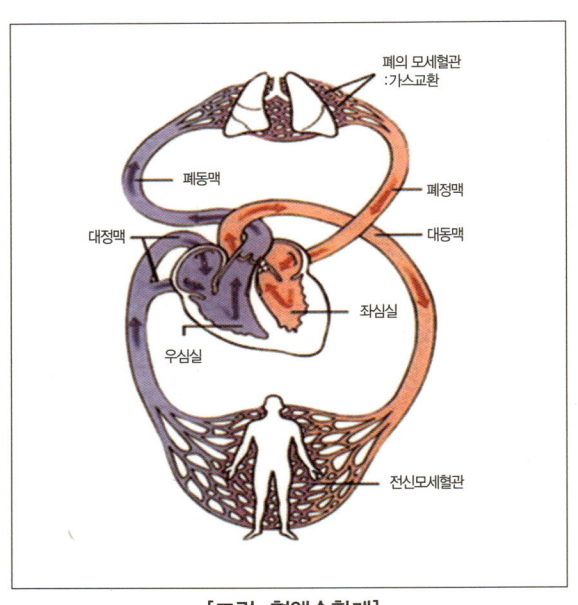

[그림 혈액순환계]

의 기능이 저하되어 질병의 원인이 된다. 발 반사는 산소와 영양분을 운반하고 신경전달체계의 기능을 촉진시켜 혈액이나 조직액, 림프액, 호흡 및 호르몬 등의 순환을 원활하게 하여 체내의 유해물질을 체외로 배출하는 것을 도와준다.

③ 음양오행의 원리

동양의학에서 자연이 상호영향을 주면서 균형을 갖고 운행하고 있듯이 우리 신체의 각 부분을 음·양으로 구분하여 서로 상호영향을 주면서 자연계와 밀접한 관계가 있으며, 인체내의 기혈이 순행하는 통로이며, 인체의 오장육부와 각 조직 사이를 연결하여 사 지와 근골, 기육, 맥 등에 관여하므로 음양의 조화로 인체의 자연치유력을 향상시킬 수 있다.

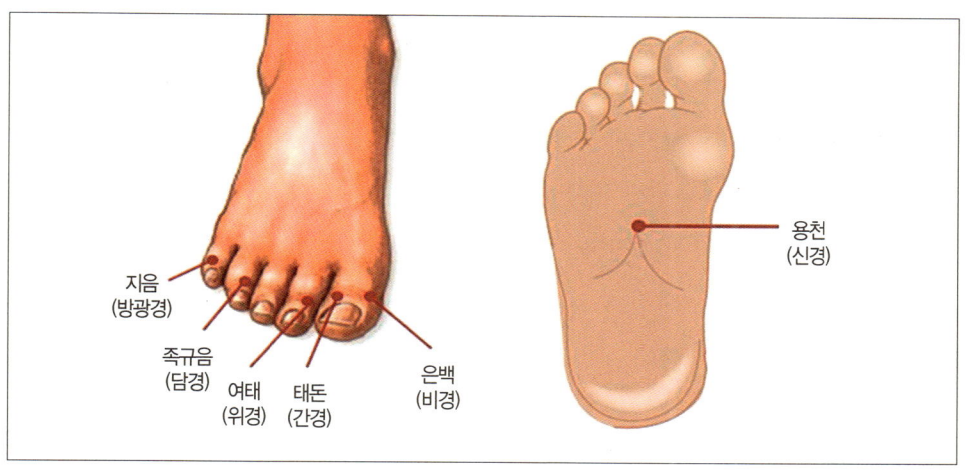

[그림 족삼음경, 족삼양경]

(4) 발의 해부학적 구조와 생리적 기능

① 발의 이해

가. 발의 기능

㉠ 인체를 지지해주는 역할을 한다.

㉡ 보행 시 충격을 흡수하여 완화시켜준다.

㉢ 운동기능을 담당하고 보행을 하며, 지렛대 및 받침점 역할을 한다.

㉣ 인체의 균형과 혈액순환에 도움을 준다.

나. 건강한 발의 조건

㉠ 발이 아프지 않아야 하며, 발에 기형이 없어야 한다.

㉡ 인체의 하중으로 인해 발바닥의 3곳이 지지되어야 한다.

㉢ 발바닥에 굳은살, 상처 또는 질환이 없어야 한다.

㉣ 발이 언제나 따뜻해야 하며, 모든 관절이 제대로 움직여야 한다.

다. 발의 노폐물 종류

㉠ GAS형태 : 발을 부풀게 하는 원인, 족궁부위에 작은 알맹이가 느껴진다.

㉡ 요산형태 : 발 관리 시 통증이 느껴지며 발가락 사이가 잘 보이지 않는다.

㉢ 수분형태 : 발등을 붓게 하고, 발 냄새를 유발시킨다.

㉣ 지방형태 : 관절과 관절 사이에 존재하고, 복숭아뼈 주위에 느껴진다.

㉤ 중금속형태 : 발끝부위가 피부색보다 탁하거나 검게 보이며, 발목부위, 비골과 경골부위에 경결이 느껴진다.

㉥ 비어 있는 느낌 : 연관된 부위가 에너지의 약하거나 반사점에 해당하는 장기가 제거되었을 때 느껴진다.

② 발의 골격계

하지뼈는 모두 62개의 뼈로 한쪽에 31개씩의 뼈로 구성되어 있으며 좌우 관골(2개)을 하지대라고 하며, 대퇴골(2개), 경골(2개), 비골(2개)이며, 발의 뼈는 좌우 각각 26개씩 으로 총 52개로써 발목뼈(족근골, 14대), 발허리뼈(중족골, 10개), 발가락뼈(지골, 28개)의 3부위의 골격과 활모양의 발바닥활(족궁)부위로 구성되어 있으며, 내용은 다음과 같다.

가. 발목뼈(족근골, 7개)

㉠ 목발뼈(거골, 1개): 1자 모양의 뼈로 종골 위에 얹혀 있고 경골과 비골 아래 끝부 위와 관절하여 발목관절을 형성한다.

㉡ 발꿈치뼈(종골, 1개): 발뒤꿈치를 형성하며, 정강뼈로부터 몸의 무게를 흡수하여 발목뼈로 전달한다.

㉢ 발배뼈(주상골, 1개): 거골과 설상골 사이에 위치한다.

㉣ 입방뼈(입방골, 1개): 발꿈치뼈(종골)앞쪽에 위치한다.

㉤ 쐐기뼈(설상골, 3개): 발배뼈(주상골)앞쪽에 위치하며, 안쪽쐐기뼈, 중간쐐기뼈, 가 쪽쐐기뼈로 배열되어 있다.

나. 발허리뼈(중족골)

발목뼈(족근골)와 함께 발바닥을 형성하는 뼈로 5개로 구성되어 있다. 제1중족골~제 5중족골로 명칭하고, 길쭉한 뼈의 몸쪽끝은 바닥, 뼈몸통부분은 몸통, 먼쪽끝은 머리(두부)부위로 구분한다.

다. 발가락뼈(지절골)

발가락을 형성하고 엄지(무지)2개, 나머지 4개의 발가락은 3개의 뼈로 이루어져 첫마디뼈(기절골, 5개), 중간마디뼈(중절골, 5개), 끝마디뼈(말절골, 4개)의 총 14개의 뼈가 있다.

라. 발바닥활(족궁)

족궁은 발의 각 부분에 몸의 무게를 분산시켜 인체의 충격을 완화하는 역할을 하고, 걷거나 뛸 때 충격을 흡수하고 스프링과 같은 역할을 한다. 발뒤꿈치와 제1중족골의 골두와 제2~5중족골의 골두의 세 부분이며, 2개의 종족궁과 1개의 횡종족궁으로 구성되어 있다.

> **TIP**
>
> **발반사요법이 뼈와 관절에 미치는 영향**
>
> 뼈를 둘러싸고 있는 얇은 결합조직인 골막은 혈관의 뼈를 뚫고 들어가서 뼈에 필요한 영양분을 공급하며, 혈액순환을 촉진하여 뼈에 영양분을 공급한다. 또한 관절주변의 피부조직을 부드럽게 함으로써 혈액순환을 촉진하여 에너지를 증가시킨다.

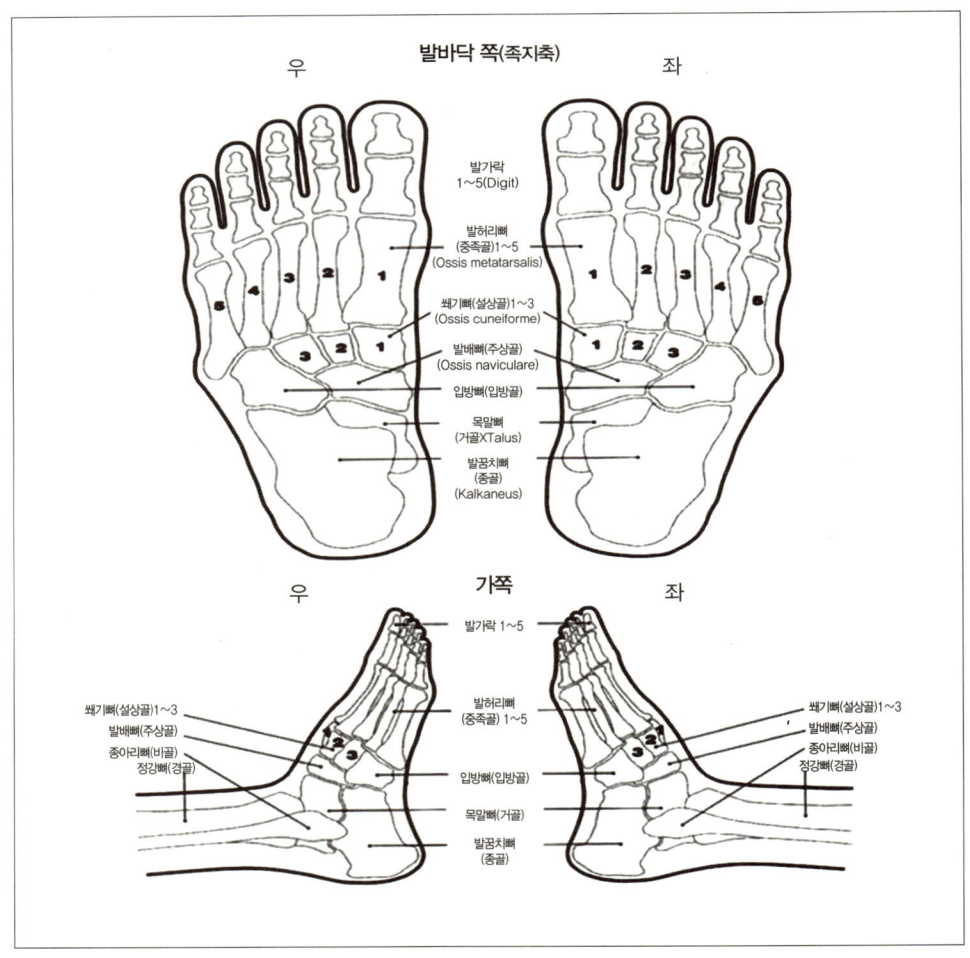

[그림 발의 뼈]

③ 발의 근육계

가. 다리(하지)의 근육

㉠ 앞종아리근육(전하퇴근): 앞정강근(전경골근), 긴발가락폄근(장지시근), 긴엄지발 가락폄근(장무지신근) 등이 있다.

㉡ 가쪽종아리근육(외측하퇴근): 장비골근, 단비골근 등이 있다.

㉢ 뒤종아리근육(후하퇴근): 장딴지근, 가자미근, 긴발가락굽힘근(장지굴근), 긴엄지 발가락굽힘근(장무지굴근), 뒤정강근(후경골근). 오금근(슬완근), 장딴지빗근(족척근) 등이 있다.

나. 발의 근육

발의 근육은 발등의 족배근과 강한 발바닥의 족척근으로 이루어져 있고, 모든 동작에 대응하여 움직이는 작용을 하며 쿠션역할을 하고 수축성이 있어 노폐물을 밀어 낸다.

㉠ 발등근육(족배근): 짧은발가락폄근(단지시근). 짧은엄지발가락폄근(단무지신근)

㉡ 발바닥근육(족척근): 짧은발가락굽힘근(단지굴근), 짧은엄지발가락굽힘근(단무지굴근), 새끼발가락외향근, 무지외전근, 단소지굴근, 충양근 등이 있다.

다. 발의 인대(ligament)

결합조직섬유 밴드형태로 되어있으며, 관절주변의 뼈들을 서로 붙잡고 탈골을 막으며, 신축성이 있어서 움직일 수 있다. 또한 혈액순환이 적은 곳이라 손상을 입으면 회복이 느리며, 발바닥 근막, 길발바닥인대, 내·외측 인대, 발굽발배인대가 있다.

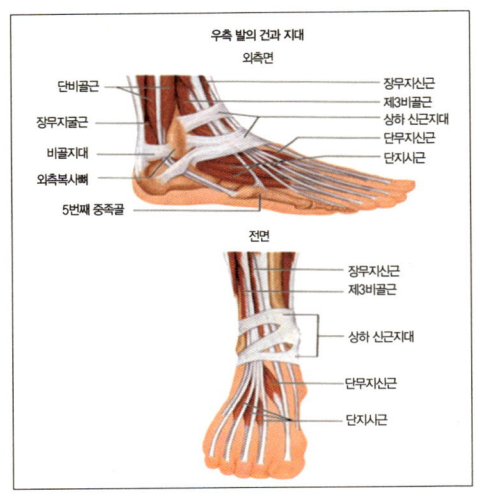 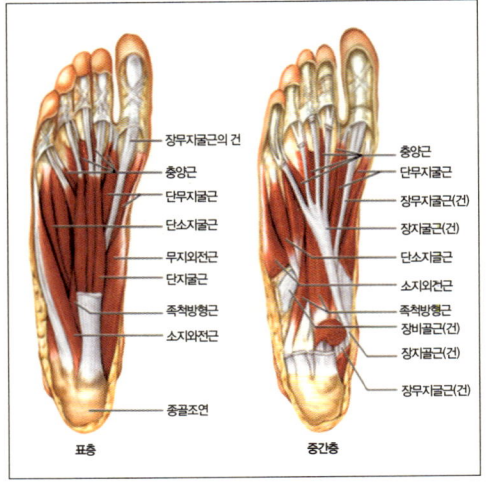

[그림 발의 근육]

라. 발의 관절(joint)

관절이란 둘 이상의 뼈가 서로 연결되는 것을 말하며 연결방식에 따라 운동이 가능한 것과 불가능한 것이 있다. 하지의 관절의 종류는 다음과 같다.

㉠ 천장관절: 천골과 장골을 연결하는 운동성이 극히 제한된 관절이다.

㉡ 치골결합: 섬유연골이 치골간원판에 의해 결합되며 운동이 극히 제한된 관절이다.

㉢ 고관절: 골반과 대퇴골을 잇는 엉덩이뼈 관절로 대퇴골두와 관골구간에 이루어지는 구상관절이다.

㉣ 무릎관절: 대퇴골과 경골을 익는 접번관절로 인체에서 가장 복잡하고 약하여 침해를 받기 쉬운 곳이다.

㉤ 경비관절: 경골외측과 비골두간에 이루어지는 평면관절로 3곳에서 관절을 이룬다.

㉥ 발목관절: 경골 및 비골의 하단에 관절면과 거골 사이에 이루어지는 접번관절로 발의 족배굴곡과 족저굴곡이 가능하며, 탈구와 염좌가 쉽게 발생한다.

ⓢ 족근간관절 : 7개의 족근골들 사이에 이루어지는 관절이다.

(5) 발바닥의 무게중심
　체중의 부하는 한쪽발에 50%씩 나뉘어지는데 이 중 발뒤꿈치에 25%가 전달되며, 나머지 25%중 10%는 엄지중족골, 15%는 둘째부터 새끼중족골 쪽으로 분산되어 있다. 또한 체중 부하 시 족궁(아치)은 무게 전달시 무게를 흡수하여 유연하게 하며, 무게를 떠받치는 힘은 각종 발바닥인대에서 80%을 담당하고 근육들과 힘줄들은 나머지 20%을 담당한다.

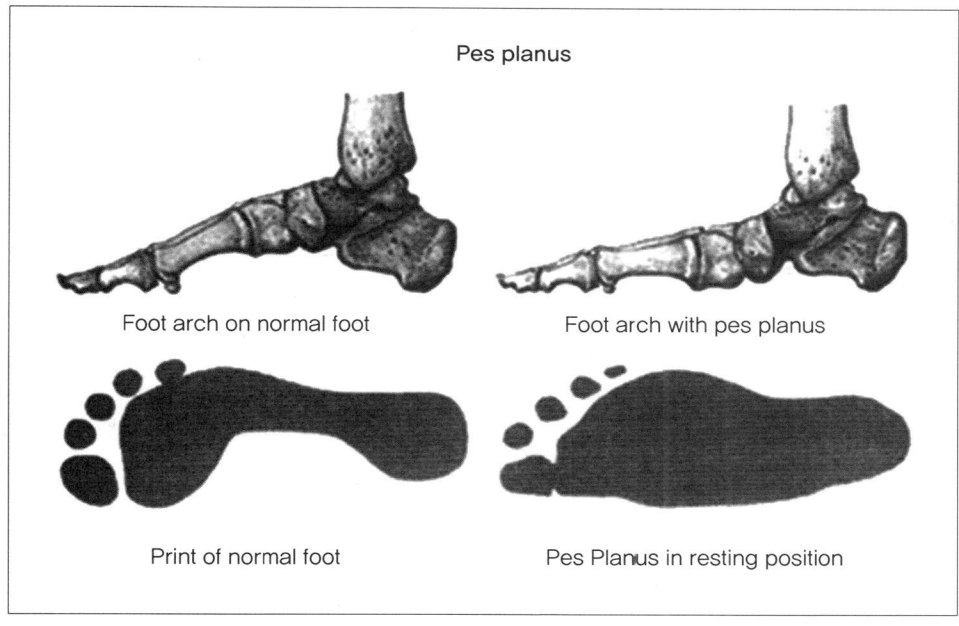

[그림 족문을 통한 발바닥의 무게중심의 파악]

(6) 발 반사요법이 인체에 미치는 영향
① 발 반사요법의 효과

㉠ 반사요법이 뼈와 관절에 미치는 영향효과
  · 긴장된 관절을 이완시킨다.
  · 혈액순환을 촉진하여 뼈와 관절에 영양분과 산소공급을 증가시킨다.
㉡ 반사요법이 근육에 미치는 영향효과
  · 근육의 통증을 경감시키고 긴장도, 피로, 경련 등의 효과가 있다.
  · 해당근육에 혈액순환이 촉진되어 영양분과 산소공급으로 근육의 재생이 촉진된다.
㉢ 반사요법이 순환기계통에 미치는 영향
  · 대사산물인 각종 노폐물이 조직으로부터 배출이 잘된다.
  · 혈액순환촉진으로 조직에 영양분과 산소공급으로 조직을 재생시킨다.
㉣ 반사요법이 림프계통에 미치는 영향
  · 림프관을 따라 흐르는 림프액의 순환을 촉진시킨다.
  · 조직 내의 독소제거를 촉진하여 면역기능을 증진시킨다.
㉤ 반사요법이 신경계통에 미치는 영향
  · 통증을 감소시키고 체내에서 분비되는 엔도르핀의 분비를 촉진시킨다.
  · 전신의 신경계통에 영향을 주어, 복강신경총에 대해 반사요법을 시술하면 몸의 각종 장기의 기능을 개선해준다.
㉥ 반사요법이 신경계통에 미치는 영향
  · 호르몬 분비를 정상화시켜 호르몬과 관련된 여러 질환에 효과가 있다.
  · 스트레스 호르몬 분비억제로 스트레스와 자율신경계에 도움이 된다.

(7) 발 반사요법의 주의사항
① 고객의 건강상태를 정확하게 진단하여 강약을 조절하여야 한다.
② 식후 1시간 이내에는 자극하지 않는다.
③ 관리를 하는 과정에서 수시로 고객의 상태를 살펴본다.

④ 시작과 마지막 순서는 신장→ 수뇨관→ 방광→ 요도 배설기관의 반사구를 자극한다.
⑤ 뼈의 부분을 너무 세게 자극하지 않는다.
⑥ 임신 중이나 생리 중에는 반사구를 시행하지 않는다.
⑦ 수술 후 회복 전이나 상처가 아물지 않았을 때는 자극하지 않는다.
⑧ 발의 심한 부종으로 인하여 열이 나는 경우 자극하지 않는다.
⑨ 지압봉 사용 시 지압봉과 손을 함께 움직여 느낌을 부드럽게 한다.
⑩ 반사구를 정확하게 자극하고 끝나면 500cc 정도의 미온수를 마신다.

(8) 발 반사요법 후 나타날 수 있는 현상
① 정맥이나 발목, 발뒤꿈치가 조금 부풀어오를 수 있다.
② 관리하는 도중에 트림, 재채기, 콧물, 방귀 등이 나올 수 있다.
③ 소변의 상태가 탁하거나 악취가 나며 색깔이 평소보다 진할 수 있다.
④ 장운동이 활발해져 설사 또는 대변횟수가 증가할 수 있다.
⑤ 반사구에 통증이 나타날 수 있다.

> **TIP**
>
> **발의 분석방법**
> ① 족문찍기: 발의 문제점을 객관적으로 할 수 있다.
>   · 족문으로 알아보는 발의 문제점: 척추의 만곡상태, 평발, 관절의 이상을 알 수 있다.
>   · 보행상태: 잘못된 보행습관, 체중의 분산상태, 반사부위에 노폐물의 쌓인 상태 등 건강상태가 어떠한지를 알 수 있다.
> ② 견진법: 골격의 상태, 피부의 이상증상, 조직의 이상여부를 파악할 수 있다.
> ③ 촉진법: 발피부의 변형, 온도, 림프부종 등을 체크할 수 있다.
> ④ 문진법: 질병상태, 관리목적, 발의 문제점 등을 파악할 수 있다.

4) 인체 부위별 발 반사구 명칭

1. 뇌하수체 2. 액두 3. 대뇌 4. 소뇌 5. 혈압조정점 6. 혀 7. 뇌간 8. 삼차신경 9. 경부 10. 눈 11. 귀 12. 부갑상선 13. 갑상선 14. 승모근 15. 견관절 16. 견갑골 17. 폐 18. 심장 19. 췌장 20. 비장. 21. 위장 22. 십이지장 23. 간 24. 담 25. 부신 26. 신장 27. 수뇨관 28. 방광 29. 맹장 30. 회맹판 31. 상행결장 32. 간굽이 33. 횡행결장 34. 비장굽이 35. 하행결장 36. S장형결장 37. 직장 38. 항문 39. 소장 40. 골반강내조직

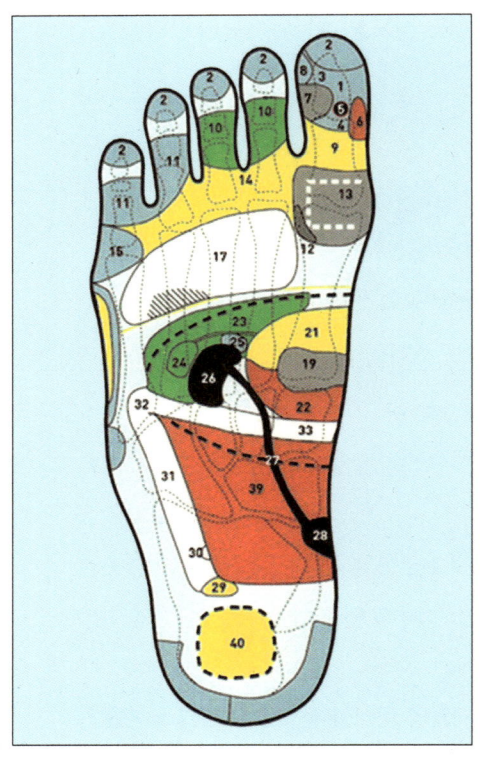 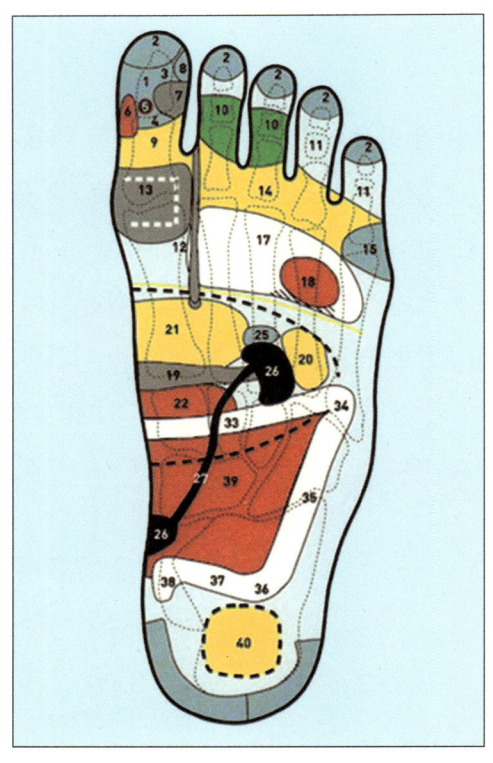

[그림 오른 발바닥 반사구]   [그림 왼 발바닥 반사구]

41. 경추 42. 흉추 43. 요추 44. 천추, 미추 45. 내미골 46. 상지 47. 주관절 48. 슬관절 49. 슬개골 50. 외미골 51. 코 52. 상악 53. 하악 54. 두협기 55. 편도선 56. 성대후두 57. 치아 58. 상신림프 59. 기관지 60. 내이미로 61. 액와림프 62. 요통점 63. 흉부 64. 흉부림프관 65. 늑골 66. 횡경막 67. 서혜부림프 68. 복부림프 69. 구간림프 70. 천추통점 71. 내관관절 72. 내측좌골신경 73. 내측골반림프 74. 외관관절 75. 외측골신경 76. 외측골반림프 77. 요도 78. 자궁(전립선) 79. 난소(고환) 80. 소복기육방송구

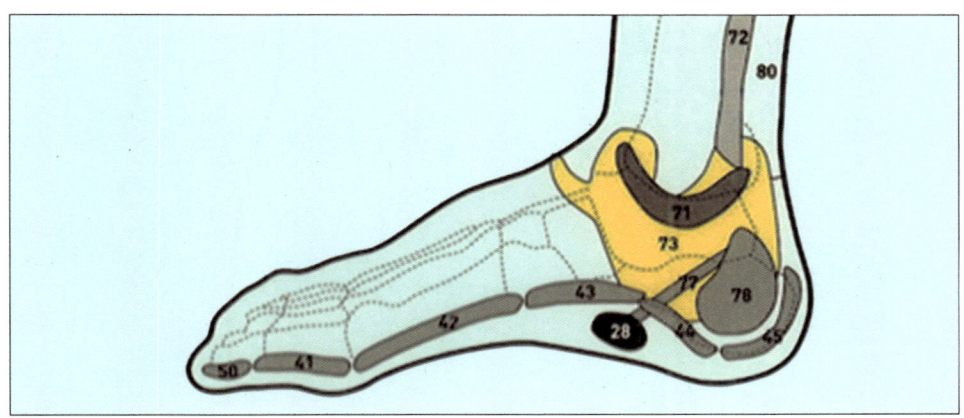

[그림 발 안쪽 반사구]

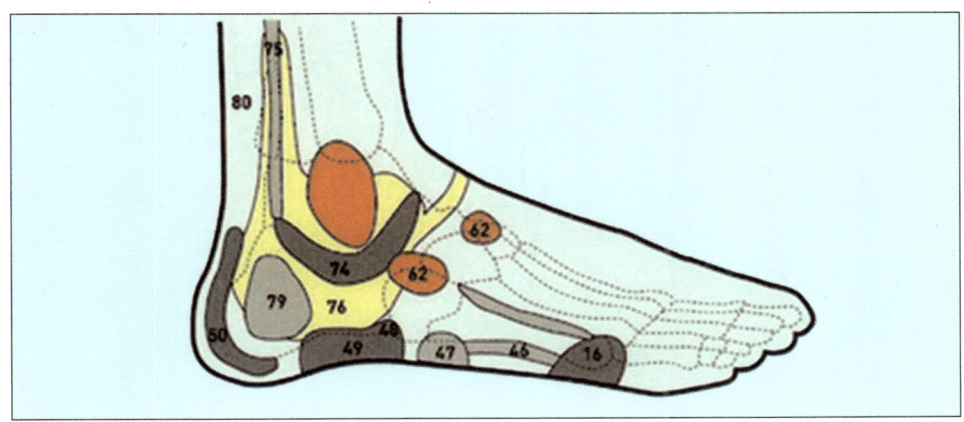

[그림 발 바깥쪽 반사구]

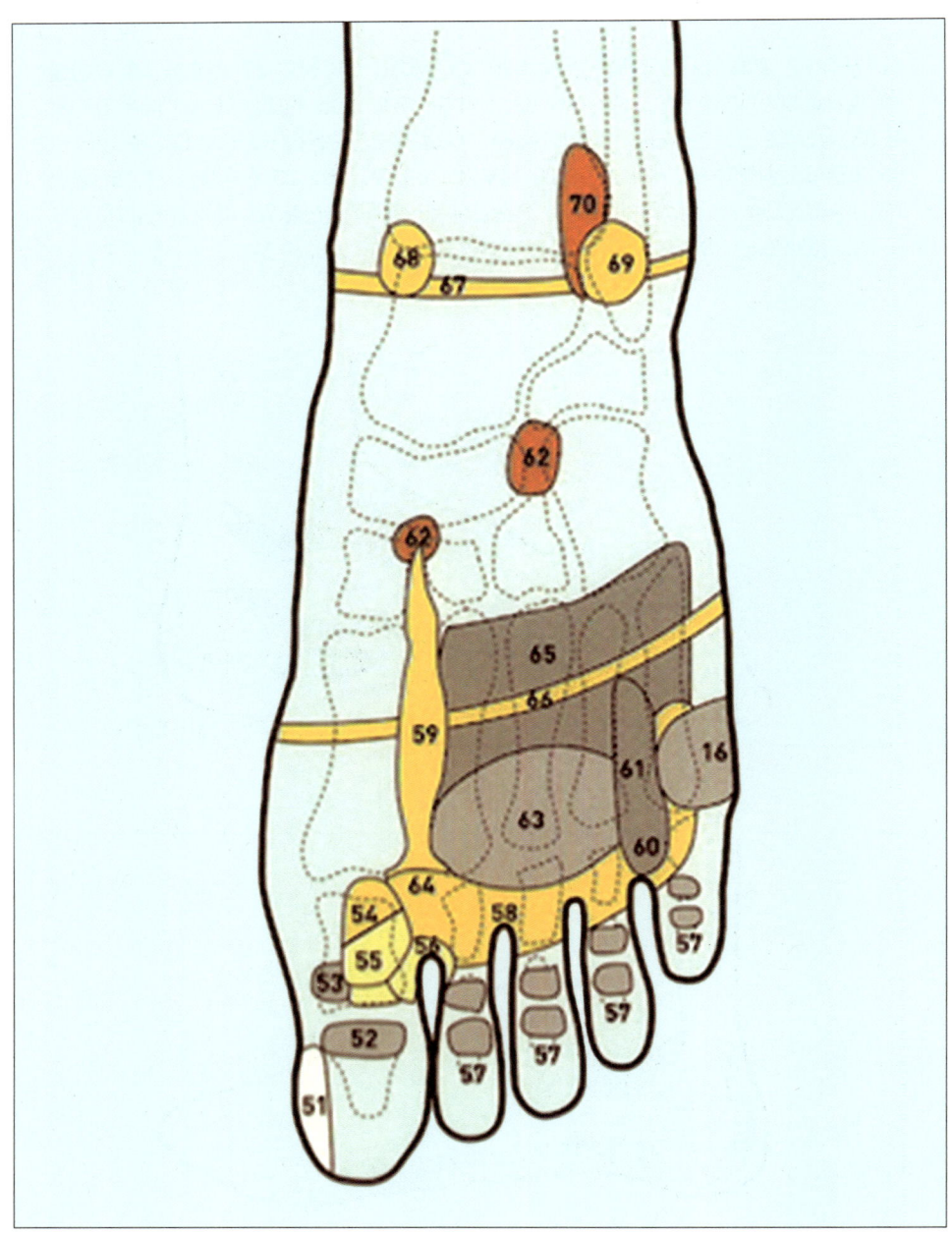

[그림 발등 반사구]

Chapter 4

피부 과학

1. 피부의 구조와 기능
2. 피부의 부속기관
3. 피부의 생리
4. 피부와 광선
5. 피부장애와 질환

Chapter 4.

피부 과학

1. 피부의 구조와 기능

1) 피부의 개요

 피부는 신체를 덮고 있는 기관이며, 사람의 몸에서 2.5~3.5kg의 가장 무거운 기관이며 인체에서 가장 넓은 기관으로 피부 표면적은 보통 체격 성인의 경우 1.5~2㎡이다.

① 피부는 3층 구조이다.
② 가장 위쪽에 있는 층은 표피층이며, 상피조직이다.
③ 중간에는 진피층과 다수의 혈관과 신경들이 통과하는 지지조직이며, 다양한 피부 부속 기관들이 있는데 에크린 땀샘, 아포크린 땀샘, 모발, 피지선, 조갑 등이 있다.
  · 가장 아래쪽에는 쿠션 역할을 하는 피하조직이다.
④ 피부는 다양한 변화를 가진 기관이다.
  · 피부두께는 1mm 이하의 눈꺼풀에서부터 3mm 이상의 발바닥까지 다양하다.
  · 체모는 손바닥과 발바닥을 제외하고는 거의 모든 피부를 덮고 있다.
  · 피부의 표면은 언덕처럼 올라온 피부 소릉(skin hill)과 움푹 들어간 피부소구(skin furrow)가 있으며 차이에 따라 피부결의 결정이 된다. 또한 소릉과 소구

가 교차하는 곳은 모발이 나오는 모공이 위치하고 있다.

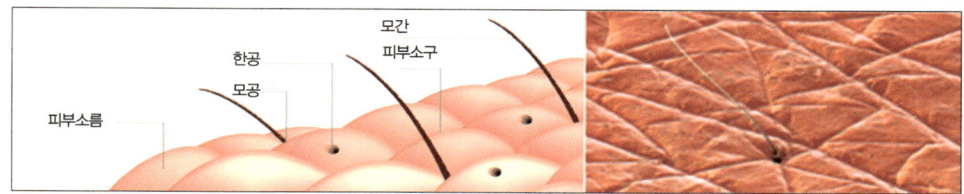

[그림 피부의 표면]

(1) 표피(Epidermis)의 구조와 기능

① 표피의 특징

㉠ 표피는 피부의 가장 바깥쪽에 위치한 외각층으로 각질형성세포(Keratinocyte)가 전체의 80%를 차지하며, 평균 두께는 0.1mm이고 부위별 차이가 있다.

㉡ 세포로 구성된 유액층과 핵이 없고 건조하며 죽은 각질들로 이루어진 무핵층으로 구성되어 있다.

㉢ 외부의 유해환경으로부터 피부를 보호하는 중요한 역할을 하고 수분 증발을 막아준다.

㉣ 표피는 피부결(texture), 수분(moisture), 색깔을 결정한다.

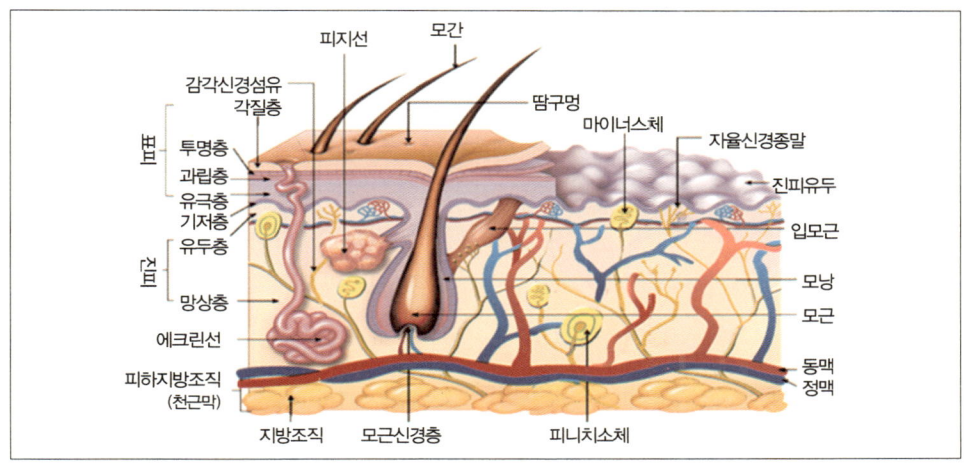

[그림 피부의 구조]

② 표피의 구조

　㉠ 각질층(Stratum Corneum)
　　· 피부의 가장 바깥쪽에 위치하며, 핵이 없는 죽은 세포층으로 비늘과 같은 얇은 층이 15~25개 정도로 구성되어 있다.
　　· 라멜라(Lamella) 구조를 하고 있으며, 각질 세포와 지질간 접착제로 세포간 지질(Intercellular Lipid)인 세라마이드(Cermide)에 의해 각질층 사이가 단단하게 결합되어 있다.
　　· 각질층의 구성은 케라틴(Keratin) 단백질 58%, 천연보습인자(Natural Moisturizing Factor: NMF) 38%, 지질 11% 등으로 구성되어 있고, 각질층의 수분량은 12~20% 정도이다.

　㉡ 투명층(Stratum Lucidum)
　　· 각질층의 바로 밑에 존재하는 층으로 2~3개 층의 상피세포로 구성되어 있다.
　　· 엘라이딘(Elaidin)이라는 반유동적 단백질이 있어 밝고 투명하게 보이며 빛을 굴절시켜 빛을 차단하는 특성과 수분을 흡수하지 않고 외부의 수분 침투를 저지하는 역할을 한다.
　　· 일반적인 피부 부위에서는 식별이 쉽지 않고 주로 손바닥과 발바닥에서 관찰된다.

　㉢ 과립층(Stratum Granulosum)
　　· 케라토히알린(keratohyalin)에 의해 무핵세포로 변화되는 곳이며, 2~5층의 방추형 세포로 구성되어 있다.
　　· 수분증발저지막(Rein Membrane Barrier Zone)이 있어 이물질의 침투에 대한 방어막 역할과 피부 내부로부터의 수분증발을 저지해 준다.
　　· 표피세포가 퇴화되어 각질화되는 과정의 1단계에 해당된다.

　㉣ 유극층(Stratum Spinosum)
　　· 가장 두꺼운 층으로 유핵세포이며, 5~10층으로 세포 표면에는 가시모양의 돌

기가 있어 인접세포와 다리모양으로 연결되어 '가시층'이라고 부르기도 한다.
- 면역기능을 담당하는 랑게르한스세포(Langerhans Cell)가 존재하며 세포 사이에 세포간교를 통해 림프액이 흐르고 있어 물질교환이 이루어지게함으로써 피부관리에 매우 중요하다.

ⓜ 기저층(Stratum Basale)
- 표피 중에서 가장 아래에 있는 단층의 원추상세포로 핵을 가지고 있는 살아있는 세포로 진피층과 접하여 물결모양을 이루고 있다.
- 진피층의 모세혈관을 통해 산소와 영양분을 공급받아 활발한 세포분열을 통해 새로운 세포를 생성한다.
- 각질형성세포(Keratinocyte)와 멜라닌형성세포(melanocyte)가 4:1 또는 10:1 의 비율로 존재하며 세포분열에 의해 새로운 층으로 이동한다.
- 세포분열은 밤 10시에서 새벽 2시에 가장 활발하므로 피부 재생을 위해서는 이 시간대에 충분한 수면을 취해야 한다.
- 촉각을 감지하는 머켈세포(Merkel Cell)가 존재하며 구강점막 및 표피에 위치하여 주로 모발이 없는 손바닥, 발바닥, 입술, 구강점막 등에 존재한다.

③ 표피의 구성세포
  ㉠ 각질형성세포(Keratinocyte) : 표피세포의 80% 정도를 차지하며, 기저층에서 생성되며, 유극층, 과립층, 투명층, 각질층을 거치면서 수분을 잃게 되어 딱딱하고 건조한 각질을 가진 세포로 각질형성세포의 분화에는 칼슘의 역할이 중요하며, 각화과정을 거친다.
  ㉡ 멜라닌생성세포(Melanocyte) : 전체 표피의 13%을 차지하고 있으며, 멜라닌소체(melanosome)와 단백질을 이용하여 피부색에 관여하는 멜라닌(melanin)이라는 색소를 생성하는 세포로 자외선을 흡수 또는 산란시켜 자외선으로부터 피부가 손상을 입는 것을 방지하는 역할을 한다.

ⓒ 랑게르한스세포(Langerhans Cell) : 표피내에서 2~8% 정도를 차지하고 대부분 유극층에 존재하며, 신경과도 밀접한 관계가 있어 기능조절에 영향을 미친다. 세포 표면에 면역과 관련된 항체수용체와 보체수용체가 존재하고 있어서 외부의 이물질 침입에 신체방어반응 역할을 한다.

ⓔ 머켈세포(Merkel Cell) : 감각신경이 풍부하여 촉각을 담당하는 촉각 수용성 신경말 단기관의 일종으로 주로 표피의 기저층에 존재하며, 태아기의 신경분화 및 성장에 영향을 주기도 한다. 촉각세포는 털이 없는 손바닥, 발바닥, 입술 등에 존재한다.

④ 표피의 각화과정(Keratinization)

표피는 기저세포, 유극세포, 과립세포의 형태적 특징이 순차적으로 변화하면서 피부 표면층으로 이동하는 세포로서 최종적으로 각질세포가 되는데, 이러 표피세포의 분화과정을 '각화'라 한다. 이러한 과정을 각화과정이라고 하며 세포교체주기는 대개 4주(28일)이다.

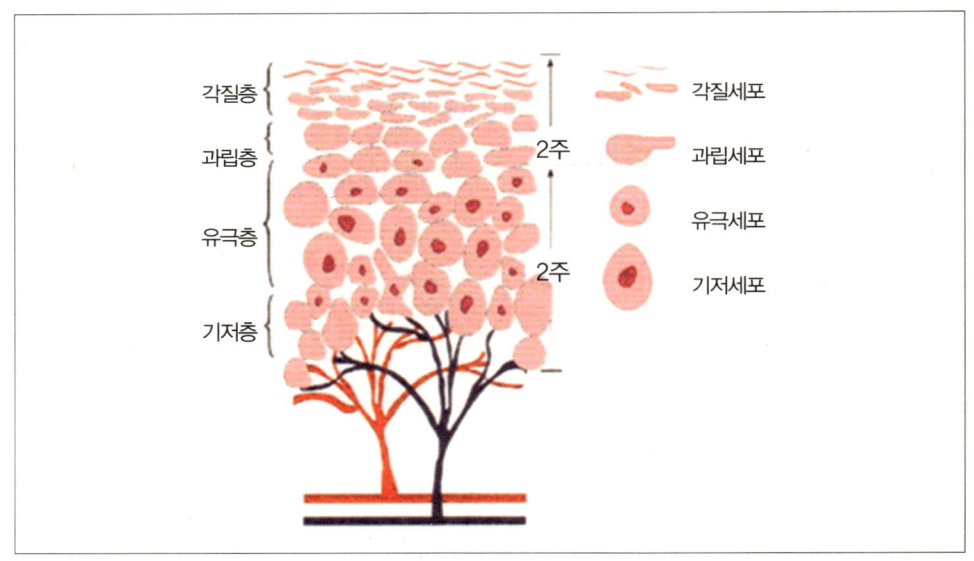

[그림 각화과정]

(2) 진피(Dermis)의 구조와 기능

① 진피의 특징

㉠ 표피보다 10~40배 가량 두꺼우며, 두께는 0.3~4mm 정도의 섬유성 결합조직으로 이루어져 있다.

㉡ 진피는 피부의 90%를 차지하고 교원섬유(Collagen Fiber)과 탄력섬유(Elastin Fiber), 기질로 구성되어 있으며, 유연성과 탄력성, 장력을 제공한다.

㉢ 피부조직 이외에도 혈관, 신경관, 림프관, 한선, 모발과 입모근 등을 포함하고 있어서 표피층에 영양을 공급 및 분비, 감각 등의 중요한 기능을 담당하는 곳이다.

㉣ 외부의 손상으로부터 몸을 보호하고 수분을 저장하며 체온조절의 기능, 감각에 대한 수용체 역할, 표피와 상호작용하여 피부를 재생하는 기능을 가지고 있다.

② 진피의 구조와 기능

㉠ 유두층(Papillary Layer)
- 전체 진피의 10~20%를 차지하며, 표피 쪽으로 돌출된 진피의 작은 돌기를 유두(papilla)라고 하며 물결모양으로 이루어져 있어서 피부표면의 굴곡을 만들어 유전적으로 개인마다 다른 지문을 형성하게 된다.
- 통증을 감지하는 통각수용기(자율신경말단)와 촉각을 감지하는 촉각수용체가 존재하며, 모세혈관 고리가 표피의 기저층과 접하고 있어서 모세혈관을 통해 기저세포에 산소공급 및 영양을 공급해 각질형성세포의 세포생성 및 세포분열에 중요한 역할을 한다.

㉡ 망상층(Reticular Layer)
- 진피의 80%를 차지하고 있으며, 섬유단백질인 교원섬유(Collagen Fiber)와 탄력섬유(Elastic Fiber)로 이루어진 결합조직이다.
- 콜라겐과 엘라스틴은 섬유아세포(Fibroblast)에서 합성되며, 섬유아세포의 상

태에 따라 피부 탄력도에 영향을 미친다.
· 모세혈관이 거의 존재하지 않으며 한선(대한선, 소한선), 혈관, 피지선, 모낭, 신경, 감각기관인 압각과 한각, 온각 등이 분포되어 있다.

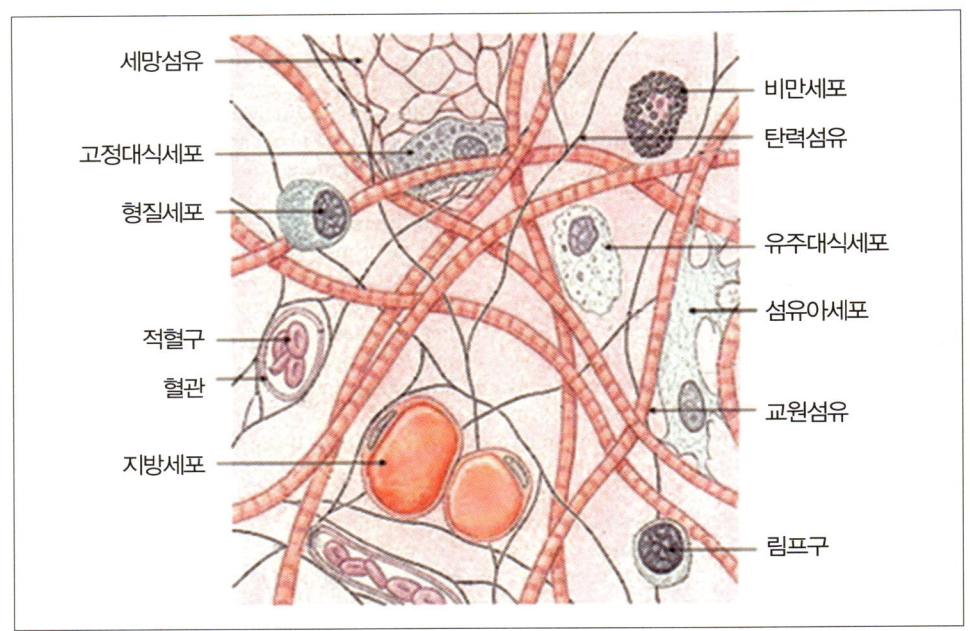

[그림 진피의 구조와 구성 물질]

③ 진피의 구성 물질

㉠ 교원섬유(Collagen, 콜라겐)
· 진피성분의 90%를 차지하며 섬유아세포에서 생산되고 콜라게나제(Collagenase)라는 효소에 의해 분해된다.
· 물에 녹지 않는 단백질로 세포사이에서 조직을 형성하며 몸을 지탱하고 경계면을 만드는 중요한 역할을 하며, 수분 및 탄력성을 유지하는 데 관여한다.
· 콜라겐을 구성하는 아미노산은 글리신(Glycine), 프롤린(Proline), 하이드록시 프롤린(Hydroxy Proline) 등이 있다.

ⓒ 탄력섬유(Elastin, 엘라스틴)
　　　· 섬유단백질로 구성된 엘라스틴은 진피성분의 2~3%를 차지한다.
　　　· 피부의 탄력을 결정짓는 중요한 요소인 글리신(Glycin), 알라닌(Alanine) 등의 작은 아미노산을 다량 함유하고 있으며, 탄력성과 신축성을 부여한다.
　　ⓒ 기질(Ground Substance)
　　　· 진피내의 결합조직섬유 사이를 채우고 있는 친수성 다당체 물질로 진피 중량 0.1~0.2% 비율을 차지하며, 무코다당류(Mucopolysaccharide)라고도 한다.
　　　· 기질의 대부분은 히알루론산(Hyaluronic Acid)과 콘드로이틴황산(Condroitin sulfuric acid) 등으로 이루어져 있으며, 탄력섬유와 결합조직섬유 사이에 존재하는 보습력이 가장 뛰어난 성분으로 자기 무게의 80배의 수분을 흡수하는 능력이 있다.

④ 진피의 구성세포
　ⓐ 섬유아세포(Fibroblast)
　결합조직 내에 널리 분포되어 상존하는 세포로 일생동안 세포에 중요한 정보제공을 하며 교원섬유(콜라겐)와 탄력섬유(엘라스틴)·기질(무코다당류)을 생성하는 역할을 한다.
　ⓑ 비만세포(Mast Cell)
　조직에 존재하는 세포이며 점막조직, 피부결합조직 등 다양한 조직에서 발견되며 알레르기 반응의 시작에 중요한 세포로서 조직에 감염반응이 일어났을 때 조직 내로 면역물질을 불러들이는 역할을 한다.
　ⓒ 대식세포(Macrophage)
　섬유아세포와 혈관내피세포의 성장인자를 생산하여 손상된 조직을 치유하며, 염증반응을 조절하고 면역세포의 작용을 조절하는 사이토카인(Cytokine)을 분비하여 면역작용을 조절하는 등의 여러 가지 기능을 담당한다.

(3) 피하조직(Subcutaneous Layer)

㉠ 진피와 근육, 뼈 사이에 위치하며 지방을 함유하고 있는 피부의 가장 아래층으로 그물모양으로 느슨한 결합조직으로 이루어져 있어 지방세포들이 존재하는 곳이다.

㉡ 지방세포들은 지방을 생산하여 체온의 손실을 막고, 외부의 압력이나 충격을 흡수하여 신체 내부의 물리적 보호기능, 인체에 소모되고 남은 영양이나 에너지를 저장하는 기능을 한다.

㉢ 여성호르몬과도 관계가 있어 남성에 비해 여성의 피하지방층이 두꺼우며, 여성호르몬이 많이 분비되는 임신 시기에는 피하지방층이 발달하게 된다.

㉣ 피하지방층의 두께와 분포는 성별, 연령, 체형의 유전, 영양상태, 피부부위에 따라 다르다.

㉤ 피하지방이 축적되어 혈액과 림프액의 순환장애로 피부가 귤껍질처럼 울퉁불퉁한 상태를 셀룰라이트(cellulite)라 한다.

2. 피부의 부속기관(Skin Appendage)

피부의 부속기관에는 피지선, 소한선과 대한선, 모발, 조갑, 유선, 치아, 신경 등이 분포되어 있으며 피부의 진피에서 발생하여 각기 다른 작용을 하고 있는데, 이것들을 총칭하여 '피부 부속기'라 한다.

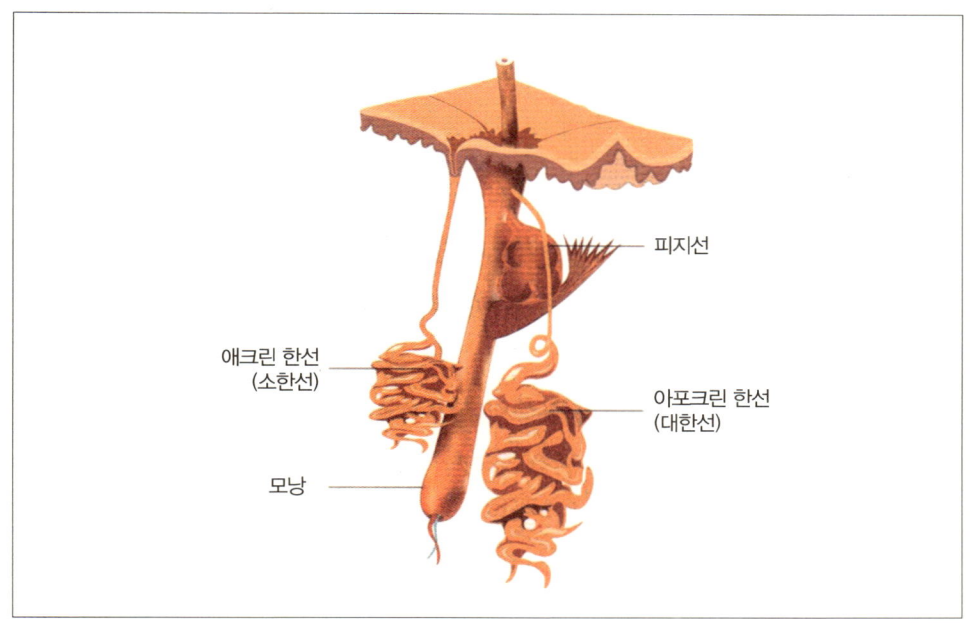

[그림 피부의 부속기관]

(1) 피지선(Sebaceous Gland)
① 피지의 일반적 특징
  ㉠ 모낭에 부속되어 진피의 망상층에 위치하고 있으며, 모낭의 벽에 3~5개의 주머니가 모낭주위에 그룹을 지어 모낭으로 연결되며, 피부표면에서 모공을 통해 분비물인 피지를 분비하기 때문에 일명 모낭선이라고도 한다.
  ㉡ 하루 분비량은 1~2g 정도이며 큰 피지선은 인체의 중심 부분인 얼굴, 두피, 가슴 부위에 집중적으로 분포되어 있으며 손바닥과 발바닥을 제외한 전신의 피부에 존재한다.
  ㉢ 태아 4개월부터 모낭과 함께 만들어지며 피지의 구성성분과 비율은 다음과 같다.

구성성분	비율
트라이글리세라이드(triglyceride)	43%
자유지방산(free fatty acid)	15%
밀랍(wax)	23%
스쿠알렌(squalene)	15%
콜레스테롤(cholesterol)	4%

② 피지의 기능

㉠ 피지성분에 의해 생성되는 글리세롤(glycerol)이 수분함량을 유지하는 데 중요한 역할을 한다.

㉡ 표피 각화현상을 조절한다.

㉢ 표피 보호기능을 조절한다.

㉣ 항산화 물질의 공급으로 피부의 노화방지에 중요한 역할을 한다.

㉤ IgA(면역글로불린:immunoglobulin A)을 함유하기 때문에 항균작용을 한다.

> **TIP**
>
> **독립 피지선**
> · 일부 피지선은 피부 표면으로 직접 열려 있다.
> · 눈꺼플은 눈썹 밑에는 자유 피지선의 변형. 즉 메이보안선(Meibomian gland)이 존재한다.
> · 입술에서 특히 윗입술에서 피지선의 포디스반점(Fordyce spot)들이 피부점막이행 부위에 생길 수 있다.

(2) 한선(sudoriferouse glands)

① 한선의 일반적 특징

㉠ 진피의 망상층에 실뭉치 모양으로 엉켜 있으며 전신에 분포되어 땀을 만들어 피부 밖으로 분비하는 외분비선으로 땀샘(sweat glands)이라고도 한다.

㉡ 우리 몸에 약 200만~500만 개의 땀샘이 분포되어 있으며 1일 0.6~1.2L 정도의 땀이 한선을 통하여 분비한다.

㉢ 대부분 체온조절과 피부의 피지막과 산성막 형성에 관여한다.

㉣ 땀과 피지에 의해 산성을 띠면서 외부의 세균에 대한 피부를 보호하는 작용을 한다.

㉤ 한선에는 에크린선이라고 하는 소한선과 아포크린선이라고 하는 대한선 두 종류가 있다.

구분	소한선(Eccrine gland)	대한선(Apocrine Gland)
발생	태아기 5개월경부터 발생	태아기 15~20주 사이의 체모 발생 시기부터 형성
위치/개구	진피중간/독립적	심층진피/모낭부속
분포	입술, 손·발톱, 음부 등을 제외한 피부표면 전체 분포	겨드랑이, 생식기, 항문, 유두, 배꼽 주변에 분포
분비량	성인(시간당 30cc), 하루 700~900CC	여성〉남성, 흑인〉백인〉동양인
색/향	무색/무취	독특한 향
역할	체온조절, 노폐물배설	유혹

(3) 모발(Hair)

① 모발의 일반적 특징

㉠ 모발은 체모와 두발의 총칭으로 포유동물에만 존재하고 생태학적으로 상피조직에서 생성되며 태아기 2개월째부터 나타난다.

㉡ 80~90%가 케라틴 단백질로 이루어져 있으며 9%의 수분과 미네랄, 멜라닌 색소로 구성된 약산성(pH 4.5~5.5)의 성질을 가지고 있다.

ⓒ 사람의 전신에는 약 130~140만 개의 털이 있으며 이 중 약 10만 개 정도가 두발로써 위치하게 된다. 건강한 성인의 두발에서 성장기의 모발은 88%, 퇴행기의 모발은 1%, 휴지기의 모발은 11%를 차지한다.

ⓔ 일반적으로 두발은 남성보다 여성이 빠르고 하루 평균 여성은 0.34mm, 남성은 0.33mm 성장하고 하루평균 50~100개의 모발이 소실된다.

ⓜ 모발은 자외선과 먼지, 땀으로부터 신체를 보호하고 체온을 조절하며, 촉각을 감지하는 기능을 한다.

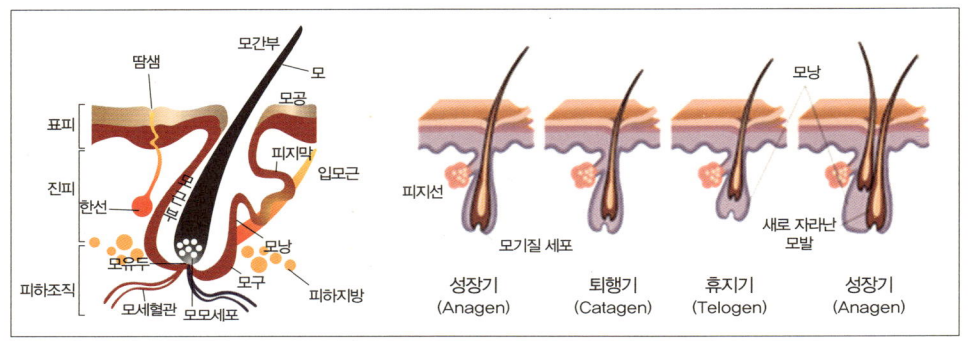

[그림 모발의 구조와 성장주기]

② 모발의 성장주기

㉠ 성장기(Anagen)

모발이 계속 자라는 시기로 모유두의 혈관을 통해 영양분과 산소를 받아 세포가 분열, 증식하여 왕성히 자라는 시기이다. 전체 모발의 80~85%가 이 시기에 속한다. 이 단계에서 모발은 한 달 평균 1~1.5cm 자라며 성장기의 기간은 남성은 3~5년, 여성은 4~6년, 속눈썹은 3~5개월, 눈썹은 2~3년 동안 지속되며, 극히 일부 모발은 10년까지도 유지된다. 나이가 들어 성장기 모발의 수가 감소하면서 머리숱이 줄어들게 된다.

㉡ 퇴행기(Catagen)

모구부의 수축현상이 일어나 모유두로부터 모발이 멀어짐으로서 모발의 생장활동과 세포분열이 정지되어 성장기가 끝나고 쇠약해져 케라틴 단백질을 만들어내지 못하는 단계이다.

전체 모발 중 1~2%를 차지하며 기간은 약 2~3주 정도이다.

ⓒ 휴지기(Telogen)

모낭과 모유두가 분리되고 모낭은 더욱 위축되어 모근이 위쪽으로 밀려 올라가 모발이 빠지게 되는 휴식 단계이다. 휴지기는 대략 3~4개월 정도로 전체 모발의 14~15%가 이 단계에 있다.

이 시기에 정상적으로 오래된 모발은 새로운 모낭이 자라면서 빠지게 되는데 탈락된 모발에서 모낭은 발견할 수 없고 모근만 분리되어 약한 자극에도 모발이 빠지는 현상이 나타난다.

③ 모발의 해부

㉠ 모간(Hair shaft) : 피부표면 밖으로 나와 있는 부분을 말한다. 모간의 단면은 다음과 같다.

- 모표피(Hair cuticle) : 모발의 가장 바깥층의 비늘모양으로 모발의 유연성을 주며, 모피질을 보호한다.
- 모피질(Cortex) : 모발 중 가장 두껍고 중요한 부분으로 중간층에 위치하며 점차 자라면서 핵을 소실하며, 방추형의 결합세포로 경케라틴(hard keratin)을 함유하며, 멜라닌을 함유하고 있다.
- 모수질(Medulla) : 벌집모양 또는 원형모양의 세포가 느슨하게 연결되어 있으며, 연케라틴(soft keratin), 영양소 등을 함유하고 있다.

[그림 두피표면과 모발형태]

ⓛ 모근(Hair root) : 피부 속 모낭 안에 있는 부분을 말한다.

ⓒ 모낭(Follicle) : 털을 만들어내는 기관으로 모근을 싸고 있다.

ⓔ 모구(Hair buld) : 모질세포와 멜라닌세포로 구성되어 있으며, 털이 성장한다.

ⓜ 모유두(Hair papilla) : 혈관과 림프관을 통해 모발에 영양을 공급한다.

ⓗ 입모근(Arrector pili muscle) : 불수의근이며 자율신경의 지배를 받아 긴장하거나 감정이 긴박해질 때, 근육이 수축되어 털을 세우는 기능을 한다.

(4) 조갑(Nail)

① 조갑의 일반적 특징

㉠ 조갑은 손톱과 발톱을 통칭하여 가리키는 말로 표피가 각화된 각질판으로 하루에 약 0.1mm씩 자라난다.

㉡ 성장속도는 개인차가 있고 유아기부터 청년기에, 겨울보다는 여름에 속도가 빠르게 성장하며 대략 6개월 간격으로 교체된다.

㉢ 조갑은 반투명한 딱딱한 케라틴 단백질 성분으로 7~10%의 수분을 함유하고 있다.

㉣ 조갑의 기능은 손가락 및 발가락의 선단을 보호하는 역할을 한다.

② 조갑의 구조

㉠ 조체(Nail Body, 조판) : 큐티클에서 손톱 끝까지 연장되는 손톱 본체를 의미하

며 조체 자체에는 모세혈관이나 신경조직이 없다.

ⓒ 조근(Nail Root) : 손톱과 발톱의 성장 장소로 새로운 세포조직이 형성되므로 매우 부드럽고 얇다. 이 부위의 손상 시에는 손·발톱에 장애가 발생한다.

ⓒ 반월(Lunula) : 완전히 각질화되지 않은 조체의 베이스 부분으로 흰색의 반달 모양을 하고 있다.

ⓔ 조상(Nail Bed) : 조체를 받쳐주는 역할을 하며 조체 바로 밑에 위치한다. 조체 밑부분으로 지각신경조직과 모세혈관이 존재하여 손톱이 핑크색을 띠게 하는 역할을 한다.

ⓜ 자유연(Free Edge) : 네일베드가 끝난 지점부터 손톱 끝부분까지를 지칭한다.

ⓗ 조소피(Cuticle, 각피) : 조체와 근위부 조갑 주름의 경계 부분으로 손톱 주위를 덮고 있는 피부를 지칭하며 미생물 등 세균의 침입으로부터 손·발톱을 보호한다.

ⓢ 조구(Nail Grooves) : 조상 양측면의 음푹 파인 손·발톱의 홈을 의미한다.

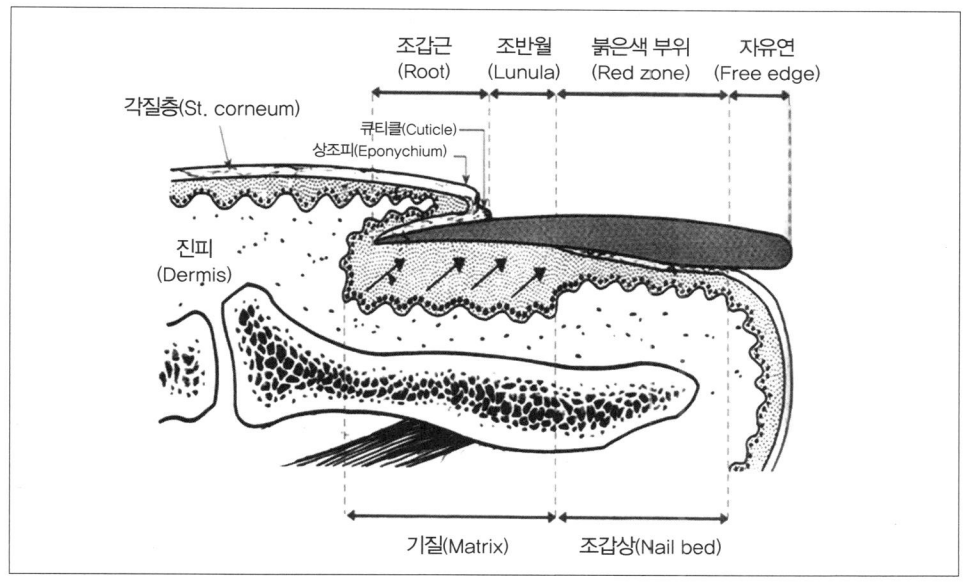

[그림 손톱의 구조]

3. 피부의 생리

1) 피부의 일반적 기능

피부는 신체 표면에서 외부와 직접적으로 접촉하고 있기 때문에 여러 가지 자극으로부터 신체를 보호하고 주위의 변화에 순응시키며 신체 내부의 항상성을 유지하고 정상적인 활동을 위해 중요한 역할을 수행한다.

(1) 보호기능
피부의 각질층의 비후(일종의 굳은살)는 외부의 마찰이나 충격, 압박 등의 물리적 자극을 완화시키며, 피하조직의 지방층에 의한 쿠션 역할, 진피의 교원섬유와 탄력섬유에 의한 신축성 등 기계적인 자극으로부터 신체를 보호한다. 또한 화학적 자극에 의해 일시적으로 pH의 불균형 현상이 나타나도 pH가 정상으로 회복되며 세균으로부터 손상되지 않도록 피부막을 약산성의 상태로 유지하여 박테리아의 성장을 억제하고 투명층에서 자외선을 방어하며 기저층까지 흡수되는 자외선은 멜라닌색소를 형성해서 광선이 진피까지 흡수되는 것을 막는 역할을 한다.

(2) 체온조절기능
외부의 온도가 높아지거나 낮아지거나 우리 신체는 일정한 체온을 유지(항상성)하는데 이러한 항상성 유지 작용에 각질층, 헤어, 땀샘 혈관이 중요한 역할을 한다. 체온의 항상성 유지를 위해 피부는 신체 밖의 기온과 반응하여 혈액순환의 양이나 땀의 분비량으로 조절한다.

(3) 분비 및 배설기능
땀과 피지의 분비작용은 피부 표면에 습기와 윤기를 주어 피부의 pH를 조절하여 세균의 침입 등을 막는 방어 역할을 하며 땀의 분비는 물 이외에 요소, 염소, 지질 등을 배설하여 신장의 기능을 돕고 요오드와 브롬, 비소 등의 약물 배설 및 노폐물 배설에도 소량이기는 하나 중요한 역을 한다.

(4) 감각기능

피부는 감각기관의 여러 신경종말 수용기를 갖고 있어 외부 자극으로부터 압각, 촉각, 온각, 냉각, 통각을 느낀다. 피부 1㎠당 압각점 6~8개, 촉각점 25개, 온각점 1~2개, 냉각점 12개, 통각점 100~200개의 비율로 분포되어 있으며 이러한 감각은 신체의 방어기능으로서 역할을 하며 척수, 뇌간, 시상을 경유하여 대뇌피질에 전달되어 감지된다.

(5) 저장기능

표피와 진피층은 수분을 포함한 영양물질을 저장하고 있으며 특히, 피하지방 조직은 우리 신체 중 가장 큰 저장기관의 하나로서 각종 영양분과 수분을 보유하고 있다가 신체가 에너지를 필요로 할 때 에너지 급원으르 사용되는 창고 역할을 한다. 피하지방조직은 지방 외에 유동체나 염분도 저장할 수 있다.

(6) 호흡기능

피부호흡은 피부 내의 신진대사 결과에 의해 생기는 CO_2를 피부 밖으로 보내고 폐호흡의 0.5~0.8% 정도 신선한 산소를 흡수하는 것을 의미한다. 지나치게 유분이 많은 화장품은 피부호흡을 불가능하게 한다.

(7) 면역기능

표피에는 면역체계를 담당하는 랑게르한스세포가 항원성이 있는 물질을 인식하여 외부에서 침입한 항원을 림프절로 이동시키고 림프구를 증식시킨다. 림프구는 각각의 항원에 반응하고 이후에 같은 항원이 피부를 통해 침입할 경우 랑게르한스 세포가 림프구로 정보를 보내고 염증 반응을 일으켜 피부 면역에 관여하게 된다.

(8) 재생기능

피부조직의 상처는 세포분열로 인해 일정시간 경과 후 원래의 모양으로 돌아간다. 그러나 진피층이나 기저층이 상처를 입은 경우에는 재생이 힘들기 때문에 흉터가 발생하기도 한다.

(9) 비타민 D 형성기능

표피의 과립층에서는 7-디하이드로콜레스테롤(7-Dehydrocholesterol)로부터 자외선에 의해 비타민 D를 합성한다. 비타민 D는 칼슘의 내장 흡수 즉, 칼슘의 혈관 안으로 들어오게 하는 역할을 해서 뼈의 발육, 단단함 유지, 혈액의 칼슘농도 유지의 기능을 한다.

2) 피부의 흡수

외부에서 접촉된 물질이 피부를 통과하여 혈관 내로 흡수되는 현상으로 피부의 최외층인 각질층에 의해 조절되는 수동적 확산현상(Diffusion)을 말한다. 피부에서 주된 흡수경로가 각질층이고, 모낭과 피지선 및 한선을 통해서도 미미하게 흡수되는 경로로 여러 가지 요인에 의해 흡수가 증가할 수 있다. 피부흡수에 영향을 주는 요인으로는 피부의 습도와 온도, 각질층의 두께, 연령, 피부의 혈류량, 물질의 상태 등에 따라 흡수 정도가 다르게 나타난다.

① 침투(Penetration) : 피부에 사용된 어떤 물질이 피부표면을 통하여 피부내부로 물리적으로 침입하는 것을 의미한다.
② 투과(Permeation) : 침투된 물질이 표피를 통과하는 과정을 의미하며 피부세포

자체, 세포와 세포사이, 한선, 모낭을 통하는 경로로 진피로 유입된다.
③ 흡수(Absorption) : 침투된 물질이 투과과정에서 생화학적으로 신체의 물질과 결합하거나 자신의 고유한 방법으로 피부 물질변화와 에너지변화에 관여하게 되는 것을 말한다.
④ 재흡수(Resorption) : 피부에 투여한 물질이 피하에서 혈관이나 림프관 또는 조직에 흡수되어 투여물질의 작용이 모든 조직에 확산될 수 있는 것을 말한다.

3) 피부의 pH

① pH(Power Of Hydrogen Ions/Porential Hydrogen)는 수소이온 농도를 나타내는 단위로 어떤 물질이 용액 속에 용해되어 있는 수소이온의 농도의 수를 나타낸다.
② 얼굴의 이상적인 pH는 5.2~5.8정도이다.

> **TIP**
> **피부의 색**
> 피부색에는 피부표면의 색, 멜라닌의 양과 분포, 카로틴, 산화헤모글로빈, 환원헤모글로빈과 같은 것들의 색소가 반영되며 피부색에는 각질층의 두께나 수화 상태, 혈액의 양이나 혈중 산소의 양, 세포간의 접착상태와 같은 여러 가지 요인이 관여하게 된다.

4. 피부와 광선

1) 태양과 피부

태양은 복합적인 광선으로 구성되어 있고 연속적인 파장의 전자파 광선의 집합체로 이루어져 있으며, 대부분의 생물체들은 낮은 파장에 있는 UV 광선의 일부를 흡수하고 있다. 이 다양한 광선은 그 자체가 에너지를 포함하는 기본적인 미립자의 물결로 구성되는데 이것이 바로 빛 에너지(광양자, photon)이다. 태양은 스펙트럼을 구성하며, 태양광선을 프리즘으로 분리하면 눈으로 볼 수 있는 가시광선과 눈으로 보이지 않는 적외선, 자외선으로 나뉜다. 가시광선은 380~780nm(나노미터:광선의 길이를 나타내는 단위. 10억분의 1m)의 파장을 갖는 빛이다. 적외선은 열선이라고 불리며 살균, 사우나 찜질 등 일상생활에 유용하게 사용되나 장시간 노출 시 자외선 손상과 유사한 증상을 초래한다. 태양광선 중 지구까지 도달하여 생물학적 반응을 일으키는 것은 290nm~4000nm 사이의 자외선과 가시광선이다. 태양의 에너지 방출량을 살펴보면, 자외선(UV)영역에서는 태양 전체 에너지의 5%가량, 가시광선(Visible range)영역에서는 35%가량, 나머지 60%가량이 적외선 영역에 분포되어 있다. 특히 자외선은 피부에 도달하여 홍반유발(sun burn), 색소침착(sun tan)을 일으키며, 이 파장 부분은 태양광선의 0.2%에 해당된다. 이 광선들이 피부에 흡수되어 손상을 주는 첫 번째 목표물을 DNA이다. 햇빛손상과 관련되어 나타나는 대부분의 피부문제들이 바로 이 DNA에 대한 햇빛의 유해한 영향력 때문에 발생한다. DNA가 손상된 세포들은 기능을 잃게 되고 이로 말미암아 비정상적인 세포들이 출현하고 피부암으로까지 진행된다.

(1) 자외선(Ultraviolet light)
400nm이하의 단파장으로 피부에 광생물학적 반응을 유발하는 중요한 광선이

며, 에너지비율은 6.1%이다.

(2) 가시광선(Visible light)

400~800nm의 중파장으로 눈의 망막을 자극하는 광선이며, 눈으로 볼 수 있는 광선이며 비가 온 후 무지개 색으로 나타나며, 에너지비율은 51.8%이다.

(3) 적외선(Infrared light)

800~220,000nm의 장파장으로 피부조직 깊숙이 영향을 미치며 온열효과, 혈액순환, 근육조직의 이완, 식균작용 등의 역할을 하며, 에너지비율은 42.1이다.

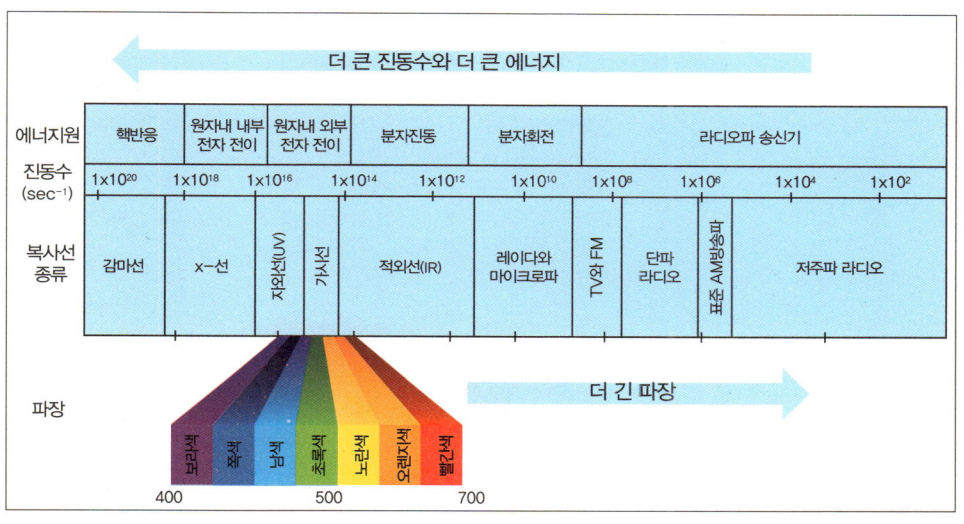

[그림 태양광선과 에너지]

2) 자외선(Ultraviloet rays)

자외선은 태양에서 발산되는 전자 파장으로 살균력이 강하여 화학적이라고 하며 분자의 흥분을 유도한다. 자외선은 파장이 가시광선보다 짧고, X선보다 긴 전자

파로 눈으로 볼 수 없으며 태양광선과 수은등 등에 들어 있다. 자외선은 종류에 따라 비타민 D생성, 살균작용 등 유익한 작용을 가지고 있지만, 자외선의 양과 시간에 따라 색소침착, 노화촉진, 피부암의 원인이 되는 유해하기도 한다. 자외선의 양은 기후와 계절에 따라 다르며, 정오의 광선들은 지상에 다다르기 위해서 통과하는 대기층의 거리는 제일 짧은 반면에, 오전 11시 이전이나 오후 2시 이후, 태양은 비스듬하게 대기층을 통과하므로 우리 피부에 도달하는 빛의 양은 태양 에너지의 30~50%에 불과하다. 피부의 미치는 영향은 각질층과 멜라닌의 방어에도 불구하고 일부 태양광선은 피부 깊이 침투한다. 이러한 태양광선의 피부 통과는 여러 광선들의 파장 때문이다.

자외선 파장별 특징에 의한 영향을 살펴보면

종류	파장	작용 및 영향
UVA(장파장)	320~390nm	·진피층까지 도달 ·즉시색소침착/지연홍반 ·유리기(free radical)생성으로 인한 만성적 광노화 ·진피의 탄력섬유와 교유섬유의 변성으로 인한 피부 탄력성 감소 ·피부위축현상, 주름현상, 일광탄력 섬유증 유발 ·백내장 유발
UVB(중파장)	290~320nm	·표피 기저층 또는 진피 상부까지 도달 ·프로비타민 D를 활성화하여 구루병 예방 ·적당량의 경우 면역력 강화, 여드름 치유에 도움 ·피부각화 지속화 ·홍반, 수포, 일광화상(급성반응) ·지연색소침착, DNA를 손상시켜 피부암의 원인(만성 반응)/즉각 홍반 ·세포막 손상, 효소활동 감소 ·많은 양의 경우 면역력 저하, 여드름의 염증악화
UVC(단파장)	200~290nm	·오존층에 흡수, 피부에 도달하지 않음 ·살균작용, 박테리아 및 바이러스 등 단세포성 조직을 죽이는데 효과적

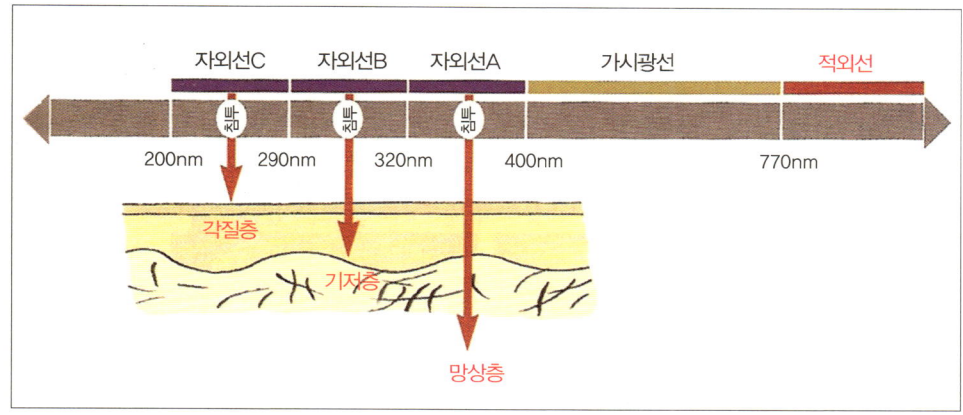

[그림 자외선 파장별]

3) 자외선이 피부에 미치는 영향

(1) 광선에 의한 초기의 피부 변화

자외선 B와 자외선 A에 의한 변화는 DNA에서의 생화적인 변형, 세포막에서 이상 현상, 그리고 각종 효소와 인체의 조절작용을 하는 여러 단백질과 아미노산의 화학구조 변형이다. DNA의 파괴와 더불어 복구작용은 매우 신속하게 진행되어, 자외선의 양이 적을 때에 는 일반적으로 하루 안에 이 과정이 마무리 되지만, 자외선의 양이 많을 때는 복구과정이 방해를 받아 실질적인 진행을 할 수 없게 된다. 손상된 세포들로부터 여러 해로운 부산물 이 방출 되는데, 이 부산물 중 일부는 피부에 염증반응을 일으키기도 하고, 피부조직의 복구를 방해하기도 한다.

(2) 일광화상세포(Sunburn cells) Gene p53

UV광선에 의해 손상된 세포가 복구될 가능성이 없을 때, 우리 인체는 그 세포들을 파괴하여 제거시키는 메커니즘을 가지고 있다. 이러한 작용을 책임지는 유전인자를 p53이라고 부르며, 이 파괴방법을 아포토시스(apoptosis)라고 부르며, 이것은

한 세포의 핵과 골 격부분을 총체적으로 파괴하는 현상이다. 그러나 광선의 강도가 강하면 p53 유전자 마저 손상되는 경우가 되는데 이 상황까지 이르면 손상된 비정상적인 세포들은 제거되지도 않 고, 그대로 증식을 하여 악성 암세포로 발전하게 된다.

(3) 광선에 의한 피부
① 홍반

홍반은 피부가 자외선에 의해 빨갛게 되는 형상이며, 즉시홍반과 지연홍반으로 나뉜다.

즉시홍반은 자외선이 각질형성세포에서 분비되는 히스타민 등 혈관 확장물질에 의해 혈관 이 확장되고 혈관 벽의 투과력이 증가하여 일시적인 홍반을 초래하는 것이다. 지연홍반은 자외선 조사시 30분에서 4~5시간이 지난 뒤에 나타나 1~2일간 지속되는 것으로 피부의 발적, 온도상승, 혈관확장 등을 볼 수 있다.

② 광과민증

피부가 일광에 매우 민감한 반응을 나타내는 증상으로 자외선을 받으면 피부가 빨갛게 부어 따금거리며 습진처럼 피부가 가려워지는 현상이 나타난다. 일광은 얼굴에 비스듬하게 닿으므로 노출된 피부 표면에서 이마, 코, 볼, 턱에 걸쳐 두드러지게 나타나며, 나비 모양으로 붉어진다.

③ 색소침착

자외선이 멜라닌의양을 증가시켜 일광을 받은 부위의 피부색깔이 검게 되는 것으로 기미와 주근깨의 원인이 되며, 즉시색소침착은 자외선 A가 주원인이나 자외선 B, 가시광선에 의해서도 영향을 받게 된다. 또한 색소침착이 늦게 발생하며 자외선 조사 후에 갈색이나 검은색의 색소침착을 일으키는 지연색소침착도 있다. 이러한 증상은 티로시나아제의 활성화, 수지상 돌기의 발달, 멜라닌 세포와 멜라노좀의 증가·이동으로 인하여 오랫동안 지속된다.

④ 피부노화

피부조직학적을 보면 표피가 두텁게 되고 멜라노사이트의 이상항진이 생기며, 진피의 주된 구성 성분 탄력섬유가 이상으로 증식되고 진피 중의 모세혈관의 확장이 확인된다. 또한 세포의 손상으로 피부가 건조해지고 얇아지며 주근깨와 반점 등 색소변화와 색소 소실로 인한 맥반증이 나타나며, 굵고 깊은 주름이 발생한다.

> **TIP**
>
> **자외선 차단제의 조건**
> ① 햇빛이 강한 오전 10시~오후 2시까지는 가능한 노출은 피한다.
> ② 야외 수영장이나 해수욕장, 그리고 스키장 같이 직사광선이 많은 장소에서는 일광 차단제를 반드시 바른다.
> ③ 자외선 차단 화장품은 바르는 양은 얼굴과 목 부위, 팔은 티스푼 1/2 이상이며 다리, 상체은 티스푼 이상으로 바른다.
> ④ 물에 젖은 얇은 옷이나 옷을 입고 수영을 할 때에도 자외선이 투과되므로 주의해야 한다.

5. 피부장애와 질환

1) 피부장애종류와 특징

피부에 발생하는 여러 질환들은 긁거나 적절한 시기에 치료를 받지 못하여 생기는 현상이 아닌 그 이전의 변화되기 전의 피부병의 처음 상태를 확인하여야 하며,

피부에 나타나는 여러 증상들은 점차 매우 복잡하고 복합적으로 나타나고 있는 실정이다. 또한 이를 위해서 병변의 형태, 크기, 외형, 경계, 각 피부병의 특정한 부위, 인체의 내적 또는 외적 원인에 의하여 유발된 일반적인 피부 병변의 모습을 발진이라고 한다. 발진 중 피부질환의 초기 병변을 원발진(primary lesions), 이들이 계속적으로 진행하거나 회복 과정 또는 외상 요인에 의해 변화된 속발진(secondary lesions)이라 한다.

(1) 원발진(primary lesions)

피부질환의 초기 단계에 발생하며, 눈에 보이거나 손으로 만져지는 것으로 반점, 홍반, 소수포, 대수포, 팽진, 구진, 농포, 결정, 낭종, 종양 등이 있다.

① 반점(Macule)

반점이란 돌출이나 침윤이 없는 피부 색깔의 변화를 말하며, 피부 표면이 융기하거나 함몰하지 않고 색조의 변화가 있는 것으로 붉은색 반점, 주근깨, 기미, 자반, 오타 씨 모반, 몽고반점 등이 이에 속한다.

② 홍반(Erythema)

모세혈관의 염증성 출혈에 의한 편평하거나 둥글게 솟아오른 붉은 얼룩으로, 피부가 붉게 변하는 것과 혈관의 확장으로 피가 많이 고이는 것을 의미한다. 또한 손으로 압력을 가하면 사라지지만 다시 생겨나는 것이 충혈에 의하여 야기된 모든 피부 반점의 특색이다.

③ 소수포(Vesicles)

소수포는 충혈 상태에서 발전하며 염증과정의 하나이며, 대부분 수명이 짧으며 내용물은 인체로 흡수되거나 괴사된다. 소수포는 직경 1cm 미만의 물집으로 안에 투명한 액체를 가지고 있으며, 주요원인으로 외부 요인에 의한 대수포(화상, 발의 물집)에 흔히 나타난다.

④ 수포(Blister)

피부의 세포사이에나 세포 안에 단백질 성분을 갖는 묽은 액체가 고여 발생하며, 1cm이상의 물질을 말한다. 주로 그 표면이 반구 모양으로 솟아오른 상태로, 여러 가지 모양으로 나타날 수 있으며, 주요원인으로는 습진, 일부 바이러스성 피부병(수도, 대상포진, 포진)이 있다.

⑤ 농포(pustule)

피부의 돌출된 형태로 모양은 수포와 비슷하나 농을 포함하고 있으며, 피부에 생기는 1cm 미만의 크기로, 염증세포와 액체물질의 혼합물로 구성된다. 농포의 수명은 대부분 짧으며 흔히 터지지 않은 채로 말라 없어지기도 하며, 가피가 형성되고 상처나 흔적 없이 치유되기도 한다.

⑥ 팽진(Wheal)

타원형 혹은 불규칙한 크기 또한 다양하며, 편평한 부풀어오르는 부종성 발진으로 가렵고 부어서 넓적하게 올라와 있다. 크기나 형태가 변하고 일시적이며, 두드러기, 모기 등의 곤충에 물렸을 때 등에 발생할 수 있다.

⑦ 구진(Papules)

피부 표면에 약간 융기되어 있으며, 크기는 직경 0.5cm~1cm 정도로 솟아올라가 있는 것을 말하며, 보통 경계가 명확하고 끝이 편평하거나 중심부가 함몰되어있고, 둥글게 생겼다. 가끔 소양증이 있고 피부의 표피 및 진피 상부층에 존재한다.

⑧ 결절(Nodules)

구진과 같은 형태이나 구진보다는 크고 만지면 단단한 덩어리처럼 느껴지며, 원형 또는 타원형의 융기이다. 모낭벽이 파손돼 주변 조직으로 염증이 확산된 상태로 백혈구 작용으로 인한 발열과 통증이 있으며, 피부세포에 손상을 입히기 쉽다. 또한 구진과는 달리 표피뿐만 아니라 진피, 피하지방층까지 손상되어 있다.

⑨ 낭종(cyst)

결절이 심화된 상태로 모낭이 더욱 깊고 넓게 파열되어 주변의 모낭까지 파열시키고 그것이 하나로 뭉쳐지며 피부 속에서 긴 자루 모양으로 형성된다. 피부 정상조직의 파괴가 일어나고 치료 후에도 영구적인 흉터를 남기게 된다.

⑩ 종양(Tumor)

직경 2cm이상으로 연하거나 단단하며 잘 움직이거나 고정된 덩어리이며, 이들은 융기되거나 깊게 존재하고 모반, 피지과다증, 사마귀, 혈관증 등이 있는 양성종양과 림프관이나 혈관을 타고 퍼지는 신체에 피해를 입히는 악성종양이 있다.

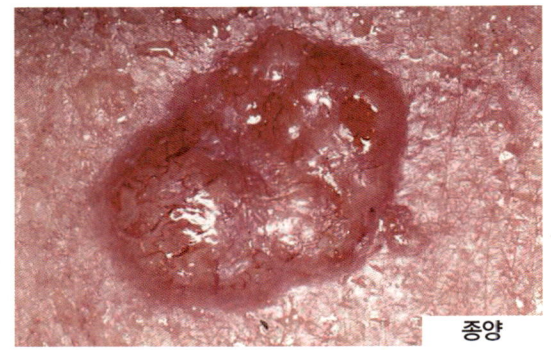

종양

(2) 속발진(Secondary lesions)

원발진에서 더 진전되어 생기는 현상으로 가피, 미란, 인설, 켈로이드, 태선화, 찰상, 균열, 궤양, 위축, 반흔 등이 있다.

① 가피(Crusts)

표피가 소실되거나 손상된 부위에 생기는 혈청과 농 또는 혈액의 마른 덩어리로, 상처나 염증부위에 즉시 흘러나온 조직액이 딱지로 말라붙는 상태를 말하며, 이들은 분비물의 구성이나 양에 따라 크기, 두께, 모양 및 색이 다르다.

② 미란(erosion)

표피만 파괴되어 떨어져 나간 피부손실 상태로 출혈이 없고 흔적 없이 치유된다.

③ 인설(Scale)

불완전한 각화과정으로 표피에서 떨어져 나오는 얇은 각질 조각이며, 염증성 질환에서 흔하며 건조하거나 습한 죽은 각질세포의 낙설과 이상 각화증에서 기인한다. 눈에 보이거나 각질세포가 가루 모양으로 떨어져 나가거나, 비듬모양의 덩어리로 떨어져나간다.

③ 켈로이드(Keloid)

상처가 치유되면서 진피의 교원질이 과다 생성되어 흉터가 굵고 크게 표면위로 융기한 흔적이다.

⑤ 태선화(lichenification)

표피전체와 진피의 일부가 가죽처럼 두꺼워지는 현상으로 만성자극으로 인하여 생긴다. 피부에 윤기가 사라지고 유연성이 없어지며 꽉딱해지고 피부주름이 뚜렷해진다.

⑥ 찰상(Excoriations)

기계적 자극으로 인한 표피박리 현상으로 소양감을 제거하기 위해 손톱으로 긁다가 생기기도 하며, 표피의 유극층 성분이 긁힌 것으로 크기와 형태는 다양하나 일반적으로 흉터 없이 치유된다.

⑦ 균열(Fissure)

질병이나 외상에 의해 피부가 갈라진 형태로 손상된 피부가 정상적으로 회복되지 못하고 결합조직으로 대체되어 흉터로 존재하거나 갈라진 상태로 있는 것이며, 건조 또는 습한 부위에 발생한다.

⑧ 궤양(Ulcer)

진피 내에 있는 병든 피부조직의 세포 붕괴로 인하여 생성되며, 피부 깊숙이 생긴 결손으로 표피뿐만 아니라 피하지방층 혹은 전부가 염증으로 손상된 것으로 둥글거나 불규칙적으로 형성된 형태와 크기를 갖고 있다.

⑨ 위축(Atrophia)

진피의 세포나 성분의 감소로 피부가 얇아진 상태이며, 피부의 조기노화로 인하여 주름을 볼 수 있다. 표피세포의 수가 감소한 것으로 여겨지며, 종종 진피의 변화를 동반한다.

⑩ 반흔(Scar)

질병이나 손상에 의해 진피까지 손상되거나 더 깊은 층까지 손상으로 훼손된 부분이 표피로부터 복구되지 못하고 결체조직의 생성으로 손상이 복구된 것이다. 반흔은 얇고 위축된 반흔이 있으

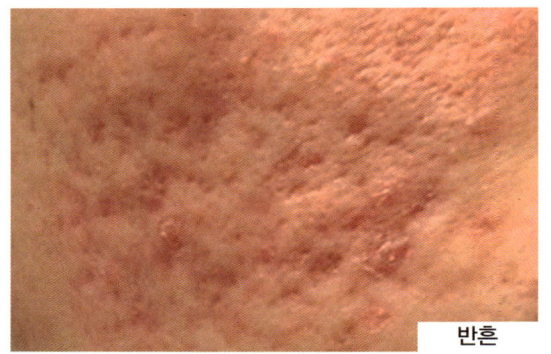

반흔

며, 광택 또는 모세혈관 확장이 있을 수 있다.

2) 피부질환(Skin diseases)의 종류와 특징

(1) 감염성 질환
① 바이러스성 피부질환

가. 대상포진(Herpes zoster)

수두의 초기 감염 후 신경절에 잠복해 바이러스가 재활성화되어 피부에 수포성 발진과 심한 통증을 수반하는 질환이다. 면역이 저하된 상태에서 발생하며, 신경분포에 따라 몸의 일정부위에 지각 이상, 가려움, 피부가 타는 듯한 느낌과 통증을 동반하며, 구진성 발진이나 작은 물질이 벌겋게 모인 듯한 수포가 발생한다.

나. 단순포진(Herpes simplex)

단순성 포진바이러스(Herpes simplex Virus:HSV)에 의해 감염되며, 감염된 세포나 조직액에 직접 접촉하거나 흡입하면 전파되는 것으로 피부 점막의 감염으로 수포가 발생한다. 국소 부위의 가려움증, 작열감, 홍반이 선행되며, 빈도가 높은 것은 구순포진으로 입 주위에 소수포가 집중 발생한다. 단순포진은 바이러스 감염은 직접 접촉에 의하여 전파 되며, 30%는 재발을 경험하고 성기 이외의 부위에 발생하는 단순포진 바이러스 1형과 성기에만 감염하는 2형이 있다.

다. 사마귀(Wart)

피부와 피부의 직접 접촉에 의해 전파되며 작은 손상에 의해 피부 각질층이 손상되었을 경우는 표피감염이 더욱 쉽다. 인체 유두종 바이러스 감염에 의해 유발되는 양성종양으로 형태나 발생부위에 따라 여러 가지 종류가 있다. 어린이의 손 등이나 손가락에 발생하는 심상성 사마귀와, 발바닥에 발생하는 족저사마귀, 성기나 항문 주위에 생기는 첨규사 마귀와 얼굴에 주로 발생하는 편평사마귀 등이 있다. 사마귀는 2~3개월 잠복기를 가진다.

라. 수두(Chickenpox)

　수두는 varicella zoster virus(vzv)에 의하여 발생하며, 면역이 안된 숙주에서 초감염으로 나타나며, 호흡기를 통해 포말감염 또는 접촉에 의해 전파되어 주로 소아에서 발생되며, 잠복기가 2주간이고 발열과 함께 홍반, 근육통, 권태감을 수반한 소수포가 생긴다. 또 한 전신 피부에 급성의 수포성 발진을 유발하며 봄과 겨울에 주로 발생하고, 전염력이 강해 공기를 통한 전파와 사람간의 직접적 접촉에 의한 전파 모두 가능하다.

마. 풍진(Rubella)

　홍역이라고 불리는 RNA바이러스의 감염증이며, 소아에게서 흔히 발생하는 감염성질환으로 피부발진과 임파선 종대가 특징이다. 발진은 얼굴에서 처음 시작하여 24시간 이내에 체간과 사지 등으로 급속히 퍼져 나가며, 가임신 여성은 풍진예방주사를 접종하도록 해야 한다.

바. 수족구병(Hand-foot-mouth disease)

　주로 10세 이하 어린이의 손발, 입의 수포성 병변을 특징으로, 4~5일간의 잠복기를 거쳐서 발열과 함께 혀, 손·발바닥 등에 수포나 구진으로 나타난다.

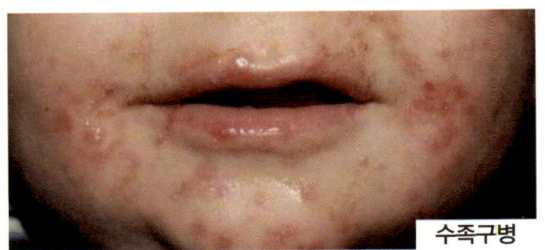

수족구병

② 진균성 피부질환(Dermatomycosis)

가. 백선(tined)

　피부의 죽은 각질로 영양섭취를 하는 곰팡이와 효모가 원인으로 발생되는 질환으로 각질 층, 손톱, 모에 생기는 것이 보통이다. 면역 저하가 있으면 심재성 백선균으로 불리는 병변을 나타내는 일도 있다. 또한 두부백선은 피부 사상균과 진균증으로 배농과 탈모를 일으키는 모낭성 염증이 특징이며, 족부백선은 목욕탕이나 수

영장 등 사람이 많이 모이는 곳에서 환자로부터 떨어져 나온 인설을 통해 감염된다.

나. 칸디다증(Candidasis)

칸디다균(Candoda albicans)은 피부의 습도가 높은 곳에 발생을 잘하며, 구강, 소화관, 질 등에 서식하는 정상 상재균으로 숙주의 면역력이 저하되었을 때 감염성 질환으로 유발 할 수 있다.

다. 전풍(어루러기 Tiner versicolor)

땀이 흔한 사람의 몸에 사상균의 기생으로 생기는 피부병으로 덥고 습한 열대지방에서 많이 볼 수 있으며, 연한 황갈색 반점으로 효모 상태의 원인균에 의한 증상 없는 만성 인설성 피부질환으로 다양한 색소침착을 나타낸다.

전풍(어루러기)

③ 세균성 피부질환

가. 농가진(Impetigo contagiosa)

주로 소아에서 자주 발생되는 질환으로 두피, 안면, 팔과 다리 등에 수포나 진물이 생기며, 전염력이 높은 화농성 연쇄상 구균이 주 원인균으로 쉽게 전염된다.

나. 모낭염(Folliculitis)

모낭 피지 기관이 감염된 것이며 끝에 흰점을 가진 작은 농포로 구성되며, 그 중앙에 하나의 체모가 나 있으며, 얼굴, 등, 엉덩이 부위에 발생하며, 주요원인은 황색 포도상구균이다.

다. 옹종(Carbuncle)

여러 개의 절종이 모인 것이며 붉고 통증을 수반하는 화농성의 병변이며, 목덜미 등에 발생한다.

라. 단독(Erysipelas)

고열로 시작되는 피하조직과 피부의 감염으로 나타나며, 깊은 층의 염증으로 열이 나고 통증이 있으며, 얼굴, 다리 등 시간이 경과에 따라 부어오르는 형태로 나타나며 주요원인은 연쇄상구균이다.

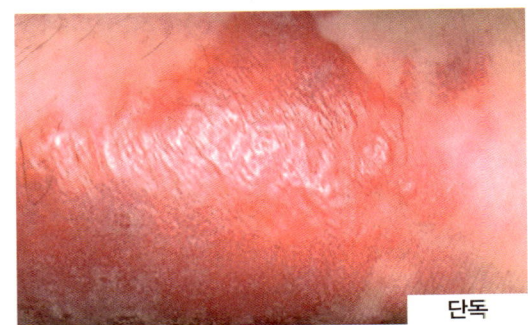
단독

④ 기타 피부질환의 종류와 특징

가. 비립종(milium)

지방의 신진대사 저조가 근본원인으로 알려져 있으며, 모공입구의 표피 아래에 존재한다. 눈 주위에 잘 발생하며, 간혹 이마, 뺨에도 발생하는 모래알 크기의 작은 황백색 낭포이다.

나. 한관종(Syringoma)

주로 사춘기 이후의 여성에게 발생하며 눈 주위, 광대뼈 부위에 주로 나타나며, 표피에서 약간 솟아오른 황색 또는 반투명성에 에크린한선의 구진이다.

다. 섬유종(Skin tag)

일명 쥐젖이라고도 하며, 연한섬유종과 단단한 섬유종으로 구별하며, 진피의 유두층에 자리 잡고 있으며 색소의 침착으로 인하여 피부색보다 진한 색을 갖고 있다. 또한 단단한 섬유종은 진피내 망상층의 결합조직 안에 생기며 외관상 단단하고 매끄럽다. 목부위나 흉부, 겨드랑이에 주로 발생한다.

라. 혈관종(Hemangioma)

피부 위로 약간 돌출된 거미줄 모양의 작은 빨간점이며, 부분적인 혈관의 확장에 의해서도 생긴다. 피부조직이 늘어나며 모세혈관의 흐름이 막혀 붉은 혈색을 갖는 것을 매상 혈관종이며, 얼굴, 가슴, 손 등에도 발생한다.

마. 주사(Rosacea)

혈액순환 저하로 충혈 및 모세혈관이 확장된 상태이며, 혈관과 관련된 병으로 얼굴의 중앙 부위에 나타난다.

⑤ 물리적 피부질환의 종류와 특징

가. 굳은살(Callus)

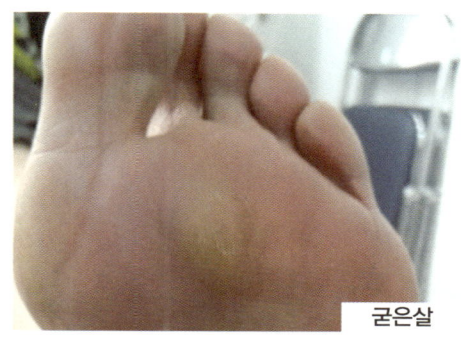
굳은살

압력에 의해서 생겨나는 국소적인 과각화증으로 통증이 없고 손바닥, 발바닥, 관절의 뼈 돌출부위와 간헐적인 압력을 받는 부위에 주로 발생하며 압박을 제거하며 소실된다.

나. 티눈(Corn)

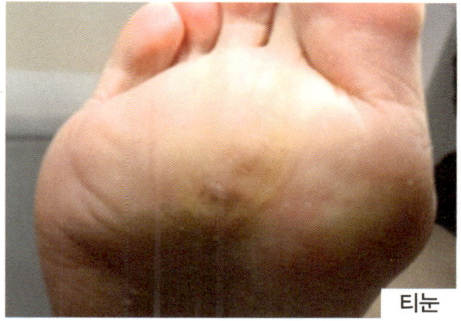
티눈

원뿔형의 국한성 각질 비후증으로 계속되는 압력과 물리적 자극에 의해 발생된다. 중심부에 핵심이 있으며, 건성·연성으로 나뉘고 통증이 동반된다. 발가락의 등 쪽이나 발바닥에 주로 발생되며 표면에서 윤이 나고 상층부를 깎아내면 병변의 가장 조밀한 부위에서 핵이 나타나는데 감각신경을 자극하여 날카롭게 찌르는 듯한 통증을 유발한다.

라. 욕창(Pressure ulcers)

지속적인 압력에 의하여 발생하는 압력 궤양으로 일정한 압력을 받는 부위의 피부, 피하지방 등 신체의 어느 부위에도 생길 수 있다. 또한 뼈 돌출부에 가장 잘 생기며 95%가 하체에서 발생한다.

마. 화상(Burn)

열에 의한 피부손상으로 심한 경우 하부조직까지 파괴되며 열, 전기 방사능, 화학물질 등 여러 가지 요인에 의해 일어나는 상처로 온도, 노출시간, 피부 두께에 따라 개인적 차이가 있으며, 손상정도에 따라 1~4도 화상으로 나뉜다.

바. 한진(Miliaria)

땀이 표피로 분비되는 도중 땀관 구멍의 일부가 폐쇄되어 표피 안쪽에 축적되어 일어나는 피부질환이며, 각질 아래 물질이 생기며 직경 1mm 정도의 물방울 모양의 투명한 물질이 산재되어 나타난다. 주로 접히는 부위에 발생한다.

⑥ 접촉성 피부질환의 종류와 특징

가. 자극성 접촉 피부염(Irritant contact dermatitis)

일정한 농도의 자극을 주어 피부염을 일으키게 되는 것을 말하며, 자극이 강하면 급성, 반 복적이면 만성 피부염의 형태가 된다. 벨록피부염은 1차 자극성과 접촉피부염의 대표적인 것이다. 거의 모든 사람에게 일어나는 피부염으로 비누, 서제, 대부분의 용제처럼 반복노출 되면 발생할 수 있다.

나. 알레르기 접촉 피부염 (Allergic contact dermatitis)

특정물질에 접촉 했을 시에 일부 사람들에게 알레르기 반응을 보이는 피부염의 증상이며, 체내에 어떤 물질이 들어오면 상피의 랑게르한스세포와 접촉하면서 체내의 항체들이 결합하여 반응을 일으킨다. 주로 피혁제품, 니켈, 고무, 화장품 및 합성섬유 등을 들 수 있다.

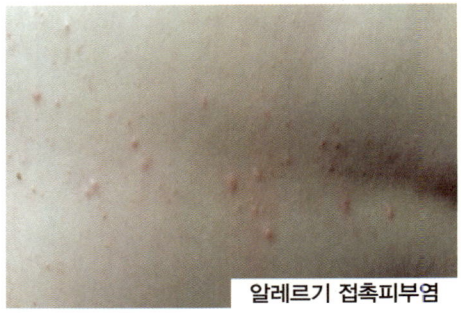

알레르기 접촉피부염

알레르기 접촉 피부염	자극성 접촉 피부염
일부 사람에게 발생	모든 사람에게 발생
항원과 접촉하지 않은 부위에 나타남	침투된 그 자리에 국소적으로 나타남
면역기능 저하되어 발생	첫 접촉 후 즉시 반응
접촉 수분 후 24~72시간 후에 나타남	접촉 즉시 나타나거나 24시간 내

[접촉 피부염의 비교]

⑦ 지루성 피부염

피지선의 활동이 왕성한 부위, 지루 부위에 붉거나 인설을 특징으로 한 습진 반응이며, 신경전달물질이상, 물리적 인자, 표피증식 이상, 약제와 영양장애 등의 원인으로 발생하며, 홍반부위에 발생한 건성 혹은 기름기가 있는 노란 비늘의 특징이고 가려움증을 동반하며, 한 부위에 국한된 발진으로도 나타날 수도 있다.

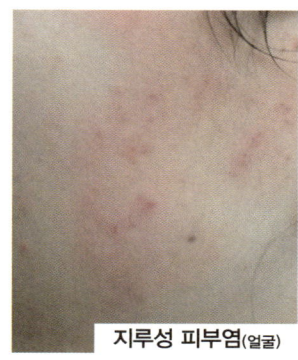

지루성 피부염(얼굴)

> **TIP**
>
> **건성습진**
>
> ① 원인
> · 피부 표면의 지질 감소 또는 기능장애에 의해 2차적으로 발생한다.
> · 낮은 습도와 건조하고 차가운 바람에 노출되면 발생하며, 소양증이 나타나서 문지르거나 긁어서 피부의 외상 및 염증을 초래한다.
>
> ② 증상
> · 하지, 팔에 잘 발생하며 특히 정강이 부위에 미세한 인설이 발생된다.
> · 전신 소양증으로 유발되며, 에이즈 환자의 약 5%에서 건성 습진이 발생한다.
> · 겨울철 강한 세정력을 가진 비누를 자주 사용하는 중년 이상의 사람에게 많이 나타난다.

BASIC SKIN CARE

피부미용 기기학

1. 피부측정 분석기기
2. 전류를 이용한 피부미용기기
3. 광선과 열을 이용한 피부미용기기
4. 압력과 진동을 이용한 피부미용기기

Chapter 5.

피부미용기기학

1. 피부측정 분석기기

1) 분석 기기의 종류 및 특징

(1) 확대경

　피부관리사가 피부를 분석할 때 육안으로 구분하기 어려운 잔주름, 색소침착, 면포를 비롯한 여드름 등의 미세한 결함을 찾아낼 수 있도록 피부를 확대해 보여주는 기기이다.

가. 원리

　피부관리사가 피부를 분석할 때 육안으로 구분하기 어려운 잔주름 및 모공의 크기 등을 판독하기 위한 기기

나. 특징

① 색소침착, 면포를 비롯한 여드름 등의 미세한 결함을 찾아낼 수 있도록 피부 확대함
② 확대경에 따라 육안의 3.5~5배의 확대경을 사용
③ 고객에 확대경을 사용함으로써 자신의 피부를 분석함
④ 전문적인 관리실의 이미지를 심어주고 트리트먼트에 전문성을 더해줌
⑤ 흑색면포, 흰색면포제와 여드름을 제거할 때 효과적

※확대경 사용 시 주의사항
㉠ 확대경에 부착된 조명이 고객의 얼굴에 바로 비치지 않도록 스위치를 끈 후 이동시킴
㉡ 눈을 보호하기 위해 아이패드를 고객의 눈에 덮은 후에 사용
㉢ 확대경에 부착된 조명이 고객의 얼굴에 바로 비치지 않도록 스위치를 끈 후 이동시킴

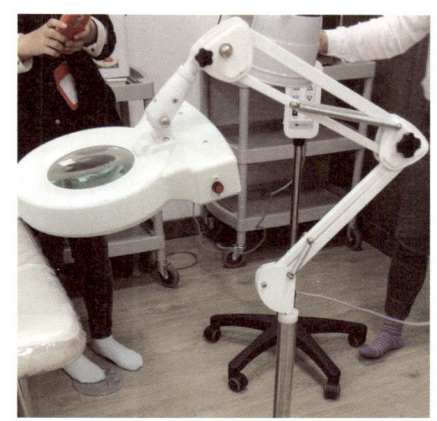

(2) 우드램프

파장 365nm 이상의 자외선과 가시광선을 방출하는 수은증기를 이용한 형광 유리램프에 산화니켈을 포함시켜 눈에 보이지 않는 장파장 자외선과 청백색의 가시광선 스펙트럼 일부만을 선택적으로 나오도록 만든 특수광선 램프이다. 육안으로 보기 어려운 피부의 두께, 피지량, 피부민감도, 모공의 크기, 트러블 요소, 색소침착 상태, 각질의 정도를 진단할 수 있다.

가. 원리

자외선을 이용하여 피부의 결점을 색으로 표현되어 피부타입에 대해 판독하는 기기이다.

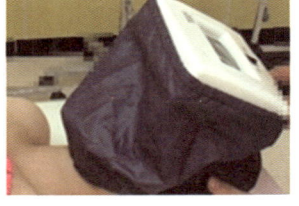

㉠ 진균성, 세균성 질환, 색소성 질환 등 다양한 피부질환의 진단에 이용할 수 있으며 조작이 빠르고 간단하다.

㉡ 육안으로 보기 어려운 피지, 민감도, 모공의 크기, 트러블, 색소 침착상태를 진단할 수 있어 안전하다.

(3) 두피 진단기

두피의 상태나 모발의 손상 정도를 최대 800배까지 확대 촬영하여 모니터를 통해 보여주는 기기이다. 100~200배 가량 확대하면 피부진단기로도 사용 가능하다.

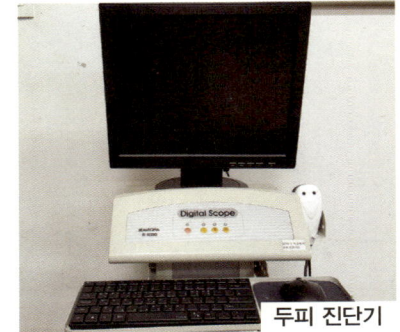
두피 진단기

(4) 수분측정기

㉠ 피부표면의 각질층이 보유한 수분을 측정하는 기기이다.

㉡ 수분 측정의 원리는 물이 갖는 절연성의 성질을 이용한 것이다. 물의 절연성이 축전지의 용량에 영향을 미치는데 피부의 수분함유 상태가 변화하여 절연성에도 변화가 오면 축전지의 용량도 변하게 되는 원리이다. 이러한 변화를 전자 작용으로 감지하여 수치로 나타 내게 되면 피부 각질층의 수분상태에 다른 변화를 수치로 간편하게 측정할 수 있다.

(5) 유분측정기

피부표피의 지방 함유도를 측정하기 위한 기기이다. 특별히 고안된 플라스틱 필름에 묻은 피지의 빛 통과도를 광도측정법으로 측정하는 것으로 화면에 1㎠당 유분량이 수치로 나타난다.

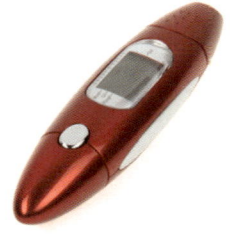

가. 원리

분측정기는 피부 각질층의 유분함유량을 측정하기 위한 기기이다.

나. 측정방법

알코올 성분이 없는 클렌징제를 이용하여 세안 후 1~2시간 후에 측정하는 것이 좋다. 측정기에 적당한 압력을 주어 30초 정도 피부에 대어 측정한다.

(6) pH 측정기

㉠ pH란 어떤 물질이 용액 속에 용해되어 있는 수소이온의 농도를 의미한다.

㉡ 전극 사이의 전위차를 측정하는 것으로 pH 측정기를 피부부위에 수직으로 접촉시키면 수치가 나타난다.

> 여성의 정상범위 pH : 4.5 ~ 5.8 남성의 정상범위 pH : 4.4 ~ 5.8

가. 원리

㉠ 피부의 pH를 분석하는 기기로 피부의 산성도와 알칼리도를 측정하며 예민도 또는 유분기 등을 pH 값으로 측정 가능하다.

㉡ pH 측정부위로는 손 등, 상완 부, 이마, 뺨 등이 좋으며 다른 부위도 가능하다.

(7) 체지방 측정기

체중에서 체지방이 차지하는 비율과 체지방량(피하지방, 내장지방, 근육지방의 합)을 측정할 수 있다. 캘리퍼(Caliper)와 임피던스법(Impedance, 전기저항측정법)을 많이 사용하고 있다.

㉠ 체지방율은 남자의 경우 10~20%, 여자의 경우 18~28%가 정상범위이다.

㉡ 체지방량이 근육량에 비해 상대적으로 많은 경우 비만체질로 판단한다.

(8) 프리마톨

가. 원리

피부에 자극이 적은 여러 가지 크기의 천연 양모 소재의 브러시를 이용하여 클렌징, 딥클렌징, 필링, 매뉴얼테크닉의 효과를 얻을 수 있는 진동 브러쉬다.

나. 사용방법

① 얼굴 피부에 클렌저나 딥클렌저를 알맞게 도포한다.

② 사용 용도에 적합한 브러쉬를 선택하여 브러시에 물을 조금 적신 후 홈에 맞추

어 정확하게 끼운다.

③ 스위치를 켠 다음 피부에 맞는 회전속도를 관리사 손 등에서 체크한다.

④ 브러시는 피부표면에 직각으로 닿도록 하고 눌리거나 꺾이지 않도록 한다.

⑤ 브러시 자체가 회전할 수 있도록 손목은 돌리지 않고 피부표면에 누르듯이 가볍게 관리한다.

⑥ 얼굴의 넓은 부위에는 큰 브러시를 사용하고 좁은 부위에는 작은 브러시를 이용한다.

⑦ 둥근 솔은 얼굴용, 롤러 솔은 전신용, 스펀지는 얼굴에 노화된 각질 제거용으로 사용한다.

⑧ 브러쉬는 가는 빗으로 정리한다.

다. 효과

① 클렌징 효과: 피부표명의 모공 땀구멍, 여드름 상흔 등 굴곡진 부위의 피부 깊은 부분까지 섬세하게 클렌징하여 메이크업잔여물과 먼지 등의 더러움을 없애준다.

② 필링 효과: 불필요한 각질을 제거해주고 피부색을 맑고 투명하게 해준다.

③ 매뉴얼테크닉 효과: 브러쉬의 회전은 피부에 부드러운 마찰을 주어 혈액순환에 도움이 된다.

TIP
프리마톨 사용 시 주의사항

㉠ 시술시 다른 브러시로 교체하고자 할 때에는 반드시 스위치를 끈 상태에 교체함

㉡ 목부분이나 이마에 머리카락이 흘러내린 경우 엉키지 않도록 조심

㉢ 브러시의 털이 눌리지 않게 손목에 힘을 빼고 직각으로 세워 부드럽게 사용

㉣ 사용 직후 세척하여 소독기에 넣어 소독 브러시 손잡이를 바닥에 떨어뜨리면 고장의 원인이 되므로 주의

㉤ 모세혈관 확장 피부, 염증성 여드름 피부, 알레르기성 민감성 피부, 일광이나 화상으로 자극된 피부, 담마진 같은 피부 질환 등에는 사용 금함

TIP

 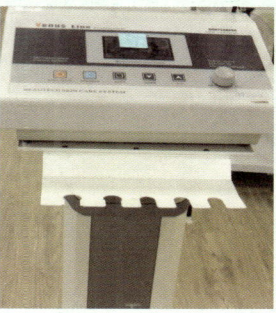

피부 분석기기	피부 관리기기
확대경	프리마톨
우드램프	베이퍼라이져
유, 수분측정기	초음파
pH 측정기	고주파
스킨스코프	석션기

2. 전류를 이용한 피부 관리 기기

1) 갈바닉 전류(Galvanic Current)

(1) 원리

갈바닉 전류(Galvanic Current)란 흐르는 방향과 크기가 시간의 흐름에 따라 변하지 않는 전류를 말하며 양극(+)과 음극(-)의 극성을 갖고 있으면서 매우 낮은 전압의 직류 전류를 이용한다. 양극은 양이온성 물질을 밀어내고, 음극은 음이온성 물질을 밀어내는 원리를 이용하여 미용성분들을 빠르게 피부 속으로 침투시키는 효과가 있다.

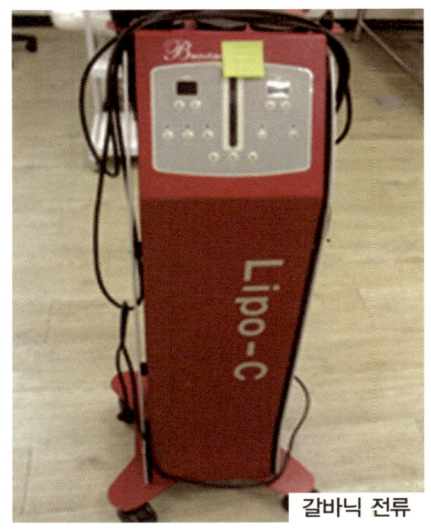

갈바닉 전류

(2) 효과

양극(anode)	음극(cathode)
산성반응	알칼리성 반응
신경자극 감소	신경 자극 증가
혈액 공급 감소	혈액 공급 증가
조직을 강하게 함	조직을 부드럽게 함
진정 효과	자극 효과
통증 감소	통증 유발
혈관 수축	혈관 확장
양이온 물질 침투에 사용	음이온 물질 침투에 사용
수렴 효과	모공세정 효과

[표 갈바닉전류의 양극과 음극의 효과]

2) 저주파 전류(Low Frequency Current)

㉠ 저주파의 주파수는 1~1,000Hz 이하의 전류를 말한다.
㉡ 주파수가 낮은데 비하여 인체 적용 시에 근수축 및 이완의 느낌이 강하기 때문에 편안한 느낌의 안정감이 없다.

(1) 원리

저주파 전류(1~1,000Hz)를 사용해 근육에 전기 자극을 줌으로써 근육을 운동시켜 지방을 에너지화하여 분해시키는 원리를 이용한다. 주로 운동을 좋아하지 않는 고객이나 심한 운동이 금기된 고객에게 특정 부위의 근육만 발달시키고자 할 때 유용하게 사용된다.

(2) 효과

㉠ 관절염, 마비 등의 다양한 증상에도 사용되며 근육자극과 신경자극을 통해 활력을 주어 통증이 완화된다.
㉡ 근육의 운동을 통해 에너지를 발산시키고 체액과 노폐물의 순환을 촉진시켜 신체의 정화기능을 돕는다.
㉢ 근육의 이온과 수축을 통해 지방이 감소하고 근육의 탄력감과 체형관리의 효과를 준다.

3) 중주파 전류(Middle Frequency Current)

중주파는 1,000Hz부터 10,000Hz까지의 전류를 말한다. 저주파에 비해 높은 주파수로서 에너지 손실과 체내에 전달되는 전력 손실이 적으므로 피부저항 역시 적게 받아 통증이나 불쾌감이 적다. 인체 적용시 부드럽고 안정감이 높아 근육통증

완화에 응용된다.

(1) 원리

서로 다른 2개 또는 그 이상의 중주파 전류를 인체 조직에 통전 시켰을 때 전류값이 가중되거나 상쇄되어 진폭이

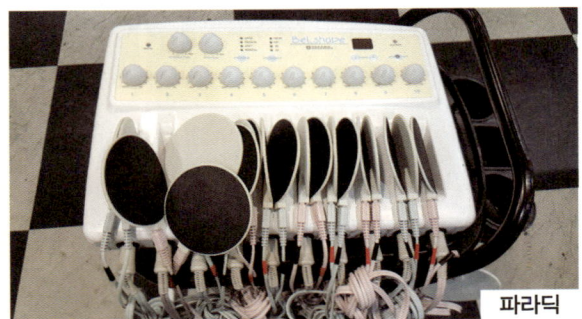
파라딕

변조된 맥놀이 저주파가 생성된다. 4,000Hz와 4,100Hz의 교류를 인체조직에 교차로 통전시켰을 때 생성되는 진폭이 변조된 맥놀이 저주파(1~250Hz)전류를 간섭전류(Interferential Current)라 하는데, 간섭전류는 저주파전류가 피부를 통과할 때 일으키는 전기통과 불쾌감을 줄여주며 심부조직을 효과적으로 자극할 수 있다.

(2) 효과

㉠ 조직 내의 이온을 미세 진동시켜 혈관확장이 일어나면 국소 혈류량이 증가되어 신진대사를 촉진시키며 순환이 증진되어 산소, 영양, 항체의 공급이 원활해진다.
㉡ 근력강화, 근육통, 요통, 신경통, 통증완화, 부종 및 염증 완화에 효과적이다.

4) 고주파 전류(High Frequency Current)

고주파는 주파수가 약 10만Hz 이상인 높은 진동율의 테슬러(Tesla)전류를 말한다. 인체조직에 고주파를 사용하면 초당 진폭이 매우 빠르므로 전류가 튀는 느낌 없이 온열을 느끼게 된다. 무자극으로 열에너지를 체내에 발생시켜 세포를 활성화시키는 교류기기이다.

(1) 원리

일반적으로 전류는 피부를 통해 인체의 심부로 흐르나 고주파 전류의 원리는 일단 전류를 형성시켜 파장을 만들어 일종의 진동 에너지인 단파를 발생시킨다.

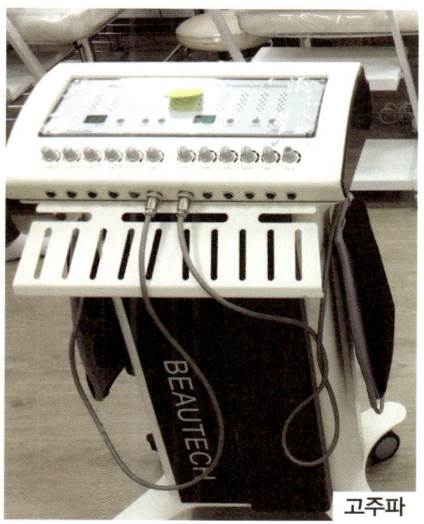
고주파

(2) 효과
㉠ 조직 온도상승으로 모세혈관의 혈류량 증가되어 신진대사 촉진시키며 세포의 대사율 증진으로 피부 조직의 재생능력 증가, 세균 및 독소의 살균작용을 한다.
㉡ 피부 결합조직의 점성, 탄력성과 같은 물리적 성질을 변화시켜 섬유조직의 신장력이 증가되며 통증 완화와 근육이완의 효과가 있다.

5) 초음파(Ultrasound)

진동주파수가 20,000Hz 이상의 높은 주파수의 음파로 사람의 귀로 들을 수 없는 불가청진동음파를 말한다. 소리란 어떤 물체가 앞뒤로 아주 빠르게 움직일 때 생기며, 그 진동이 공기 분자 사이로 물결처럼 퍼져나가 우리 귀에 도달하게 되어 소리를 느낄 수 있게 되는 것이다. 소리는 호수에 돌을 던졌을 때 돌이 떨어진 지점을 중심으로 물결이 사방으로 퍼지는 파동과 같은 것을 '음파'라고 한다.

(1) 원리
자크 퀴리(Jacques Curie)와 피에르 퀴리(Pierre Curie) 형제는 석영 결정체가 압력을 받으면 그 면을 가로질러 전위차가 발생한다는 것을 발견했는데 이를 '압전 효과'라 한다. 석영과 같은 결정체에 압전과 역압전을 연속적으로 전류의 방향을 변화시키면 그 결정체는 진동을 일으키고 그 진동은 음파를 발생시킨다. 결정체의 진동 주파수가 교류의 주파수와 일치하면 발생되는 파동은 공진에 의해 증폭된다. 그리고 진동은 변환기의 헤드(Head)로 전도되고 거기서 그 음파를 신체조직으로 보낸다. 피부세포에 아주 미세한 진동을 일으킴으로써 세포 간격을 넓혀서 작용물질을 피부 깊숙이 흡수시켜준다.

초음파

(2) 효과

① 초음파에 의해 생성된 많은 기포가 세정작용을 한다.
② 초음파의 고속진동으로 발생하는 마찰열에 의해 온도가 상승한다. 피하지방층보다 근육에서 더 많은 열이 발생하며, 고주파 전류에 의해 발생된 열보다 더 깊게 침투하나 표면조직의 온도상승은 상대적으로 적다.
③ 초음파의 진동 작용은 인체조직의 운동이 활발해짐으로써 지방을 분해하는 효과가 있다.
④ 노폐물 제거 효과가 있다.
⑤ 조직의 온도상승으로 혈관과 림프관이 확장되어 혈액과 림프의 흐름이 촉진된다.

3. 광선과 열을 이용한 피부미용기기

1) 적외선 기기

적외선은 파장이 700~400,000nm 사이의 전자기파로서 이 광선이 물질에 흡수될 때 물질을 구성하고 있는 분자의 격렬한 운동으로 열이 발생되어 물질을 따뜻하게 하는 성질이 있어 열선이라고 한다.

(1) 원리

열을 가진 모든 물질은 적외선을 방출한다. 광원으로는 태양, 가스, 석탄, 전기적인 불, 온수파이프 등 여러 가지가 있다. 자연 광원인 햇빛은 50~60%는 적외선으로 구성되어 있다. 인공 광원으로는 가열관 도구에서 나오는 조사에너지가 적외선에 의한 것이고, 전구는 광원의 90%가 적외선으로 방출된다.

(2) 효과

적외선은 신체조직에 흡수되는 부위에 열이 발생됨에 따라 국부 또는 전신적으로 혈액 증가, 순환 촉진, 신진대사 촉진, 호흡 증가, 혈압 감소, 맥박상승, 감각신경에 대한 진정과 근육이완, 발한의 효과를 나타낸다.

2) 자외선 기기

(1) 원리

자외선(Ultraviolet)은 15~400nm의 파장을 지닌 광선으로 가시광선에서 파장이 가장 짧은 보라색광선의 바깥쪽에 존재하므로 자외선(약자로 UV)이라고 한다. 피부에 자극적인 화학반응을 일으키는 성질이 있어 화학선이라 하고, 적외선과 달리 열이 없고 아무 느낌이 없어 찬빛이라고도 한다. 이러한 자외선의 특성을 피부미용에 이용하는 기기를 자외선 기기라고 하며 인공선탠기, 살균소독기 등이 있다.

(2) 효과
㉠ 홍반 반응으로 자외선 조사 시 1시간 후 처음으로 피부에 나타나는 발적 현상으로 시간 경과 시 최대 반응에 도달한다.
㉡ 색소침착과 피부상태 개선은 홍반 후 피부가 그을리는 색소침착이 온다. 또한 건선, 좌창 및 원형탈모증과 같은 피부질환과 동상 등 피부 순환장애 시 피부에 대한 혈액공급 증가가 일어나 피부상태가 호전될 수도 있다.
㉢ 비타민 D의 형성을 가속화시키며 살균과 소독기능 등이 있다.

(3) 인공선탠기
선탠(Sun Tan)이란 피부가 자외선으로부터 스스로 보호하기 위해 표피 기저층의 멜라닌 세포 자극으로 색소를 추가적으로 생산하는 과정으로 일종의 자외선 보호 현상이다. 인공자외선등의 원리는 소량의 수은과 아르곤 가스가 주입된 진공 유리관속에 양쪽의 이중 텅스텐 전극으로 된 열전자 방출기에서 수은 증기에 의해 방전이 일어나 자외선을 발생하게 되는데, 관벽에 형광물질이 도포되어 있어 그 물질에 의해 가시광선도 발생하게 되는 것이 자외선 형광등이다. 선탠기의 자외선은 주로 UV-A만을 방출하도록 설계되어 있다.

(4) 살균소독기
파장이 짧은 UV-C의 강한 살균효과를 이용하여 피부미용실에서 여러 가지 기구의 살균 소독을 목적으로 사용되어지는 자외선 소독기이다.

3) 가시광선을 이용한 컬러테라피기

(1) 원리

고대인들은 치료를 위해 색을 사용하였으며 질병 치료를 추정할 수 있는 색을 찾아내기 위하여 음식, 돌가루, 묘약 등의 물질의 색깔을 사용하였다. 빛과 색은 자연이 주는 천연 에너지원으로 각각의 색깔은 서로 다른 특징을 가지고 있으며 파장에 따라서 서로 다른 효과를 가지고 있다.

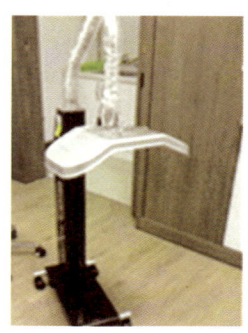

(2) 효과

컬러	파장(nm)	효과
빨강	600~700	혈액순환 촉진, 세포활성화 및 재생, 근육이완, 셀룰라이트 개선, 지루성 여드름 및 순환저하 피부개선
주황	500~600	신진대사 촉진, 신경이완, 내분비선 기능조절, 세포재생, 튼살관리, 건성, 민감, 알레르기 피부개선
노랑	580~590	소화기계 기능강화, 신경자극, 신체 정화작용, 결합섬유 생성촉진, 슬리밍과 튼살관리, 수술 후 회복관리, 피부의 조기노화 예방관리
초록	500~550	신경안정, 정화와 활력재생으로 신체균형, 피지분비조절, 스트레스성 여드름, 비만, 홍반 및 색소관리
파랑	470~500	기분정화 및 진정효과, 염증과 열 진정, 부종완화, 모세혈관증 관리, 지성 및 염증성 여드름관리
남색	450~480	림프절 자극, 림프순환 촉진, 부종 완화
보라	420~460	모세혈관 확장, 화농성 여드름, 기미 및 주근깨 관리, 림프순환 촉진, 면역력 증가, Na과 K 대사조절, 식욕조절, 셀룰라이트 관리, 슬리밍 관리, 정상 피부 유지

[표 컬러테라피의 색상에 따른 파장과 효과]

4. 압력과 진동을 이용한 피부미용기기

1) 진공흡입기(감압기, 음압기, 석션기, Vacuum Suction)

(1) 원리

진공으로 빨아들이는 공기압이 작용하는 유리컵을 시술할 부분에 부착하면 흡입력이 피부에 작용하여 물리적 자극을 가해 매뉴얼테크닉 효과를 준다.

바큠(Vacuum), 석션기(Suction), 부항기 등이 있으며 적용하는 부위에 따라 다양한 크기의 유리컵이 있고 관리하고자 하는 부위에 적절한 크기를 선택할 수 있다.

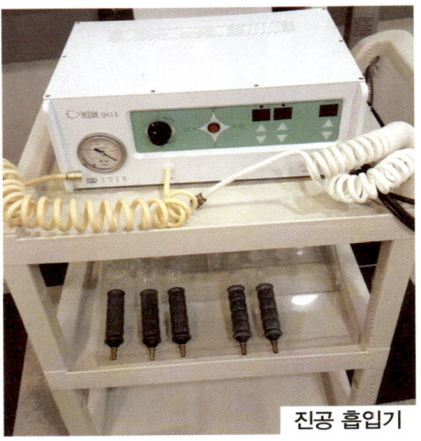

진공 흡입기

(2) 효과

㉠ 림프와 혈액순환을 도와 부종을 방지하며 피부색을 개선시킬 수 있다.
㉡ 세포활동 촉진, 신진대사를 원활하게 하고 세포와 조직 사이에 노폐물을 배출한다.
㉢ 한선과 피지선의 기능을 활성화 시킨다.
㉣ 체지방 감소, 셀룰라이트 분해, 피부탄력의 증진 등의 효과가 있다.

2) 에어프레셔(프레셔테라피기:Pressuretheraph, 공기압박기기)

(1) 원리

원하는 부위에 공기압을 이용하여 강하게 조여주고 풀어주기를 반복하는 원리를 가진 기기로 신체부위에 적당한 압력을 가하여 세포 사이에 정체된 체액을 배출하여 혈액과 림프의 순환을 도와주는 물리적 요법으로 '압박요법'이라고도 한다. 전신에 적용이 가능하며 기기를 대신하여 압박붕대를 갖고 전신에 테이핑요법을 하므로 정체된 체액을 속히 배출하고 림프순환을 촉진하는 효과를 볼 수 있는 것도 프레셔테라피의 또 다른 방법이라 할 수 있다.

(2) 효과

림프순환 촉진, 혈액순환 촉진, 체형관리, 바디 슬리밍, 근육통 완화 등의 효과가 있다.

3) 순환진동기기(Gyratory Vibrator, 바이브레이터)

(1) 원리

기계의 회전이나 진동을 이용하여 경직된 근육의 긴장과 통증을 완화시켜주고 전체적인 순환을 시키는 것을 목적으로 주로 체형관리를 위해 많이 활용되며 마사지 효과를 제공한다.

(2) 효과

순환진동기기

㉠ 근육이완과 근육통 해소에 효과적이며 직·간접적 근육운동을 촉진한다.
㉡ 혈액순환을 촉진시켜 조직에 산소와 영양 공급을 원활하게 하며 노폐물배출을 도와준다.
㉢ 신진대사 증진, 지방분해 촉진, 마사지 효과, 묵은 각질 박리 등에 도움을 준다.

BASIC SKIN CARE

화장품학

1. 화장품학 개론
2. 화장품에 사용되는 원료와 분류
3. 화장품의 분류와 특성
4. 기능성 화장품의 종류와 특징
5. 화장품 첨가제
6. 피부타입에 따른 화장품의 성분선택

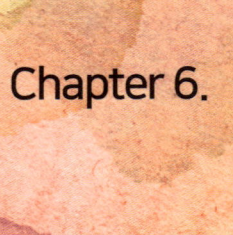

Chapter 6.
화장품학

1. 화장품학 개론

1) 화장품의 정의

2000년 7월 1일 부터 시행된 화장품법 제2조 1항에 의하면, "화장품이라 함은 인체를 청결, 미화하여 매력을 더하고 용모를 밝게 변화시키거나 피부, 모발의 건강을 유지, 또는 증진하기 위하여 사용되는 물품으로서 인체에 대한 작용이 경미한 것"

2) 기능성 화장품(화장품법 제2조 2항)

- 미백에 도움을 주는 제품
- 피부주름을 개선에 도움을 주는 제품
- 피부를 곱게 태워주거나 자외선으로부터 피부를 보호하는 데 도움을 주는 제품

3) 화장품의 4대 요건

① 안전성: 피부에 대한 자극, 알레르기, 독성이 없을 것
② 안정성: 보관에 따른 변질, 변취, 미생물의 오염이 없을 것

③ 사용성: 피부에 사용했을 때 손놀림이 수비고, 피부에 매끄럽게 잘 스며들 것
④ 유효성: 피부에 적절한 보습, 노화억제, 지회선 차단, 미백, 세정, 색채효과 등을 부여

4) 화장품의 분류

화장품의 분류는 크게 스킨케어, 메이크업, 바디, 헤어케어로 나눌 수 있다.

2. 화장품에 사용되는 원료와 분류

화장품의 원료는 품목별 사용 목적에 부합하는 효과와 기능을 가져야 한다. 우리나라에서는 국민보건과 위생을 관리 감독하는 보건복지부 식품의약품안전처에서 식품원료, 의약품 원료 등과 함께 화장품원료 및 화장품 제조에 대한 관리, 감독을 담당하고 있으며, 약 30~50여 종의 원료로 사용해 화장품을 제조하고 있다. 화장품에 사용되는 성분을 몇 가지 세분화하면 다음 표와 같다.

성분	특징
수성원료	·용도: 화장품에 사용되는 핵심원료로 수용성물질로 사용된다. ·종류: 정제수, 식물수액과 식물추출수. 에탄올 등
유성원료	·용도: 물에 용해되지 않고 오일에 녹는 성분이다. ·종류 　– 천연: 식물성, 동물성, 광물성 　– 합성오일: 탄화수소류, 고급지방산, 고급알코올, 합성 에스테르류, 실리콘류 등
계면활성제	·용도: 수성 성분과 유성성분을 균일하게 혼합해 주는 물질로 그 기능에 따라 유화제와 세정제가 있다. ·종류: 양이온성, 음이온성, 양쪽이온성, 비이온성 계면 활성제 등
점증제	·용도: 화장품 제조 시 각 품목의 용도와 기능에 맞게 조절해준다. ·종류: 쟁탄검, 카르복시비닐폴리머, 카르복시 메틸셀룰로우즈 등

성분	특징
보습제	· 용도: 물을 끌어당기는 물질로 피부표면에 수분을 공급 · 종류: 글리세린, 프로필렌글리콜, 1, 3 부틸렌글리콜, 솔비톨 등
산화방지제	· 용도: 화장품의 제조, 보관, 유통, 판매, 사용단계에서 안정된 품질력 유지를 위해 주는 성분이다. · 종류: 비타민 E, 토코페롤, 레시틴, 아스코르빈산, BHT 등
색소	· 용도: 화장품의 색을 조정하고 사용 시 피부 색을 보정하고 아름답게 보이기 위해 사용한다. · 종류: 염료, 안료(무기, 유기, 레이크)
금속이온 봉쇄제	· 용도: 화장품 성분의 산화를 막기 위해 제조 단계에서 사용된다. · 종류: EDTA(에틸렌디아민4초산의 나트륨), 인산, 구연산 등
방부제	· 용도: 미생물의 번식과 활동을 억제해 인체에 안전하게 화장품이 사용될 수 있도록 한다. · 종류: 에필파라벤, 메틸파라벤 등의 파라벤류와 이디다졸리디닐 우레아 등
컨셉원료	· 용도: 화장품과 마케팅의 중점적인 컨셉이 되는 원료이다. · 종류: 항노화제, 미백제, 자외선차단제, 여드름용 성분 등
향료	· 용도: 화장품에 사용되는 많은 원료들의 특이취를 중화하고 좋은향을 부여해 사용감과 품질력을 높이기 위해 첨가한다. · 종류: 천연 에센셜오일, 천연향료, 합성향료 등
기타 성분	· 자외선 차단제(무기, 유기), pH 조절제, 살균제, 수렴제 등

3. 화장품의 분류와 특성

피부의 신진대사를 원활하게 하고 정상적인 기전으로 유지시켜 주며 물리적, 화학적, 생학적, 광학적으로 외부자극으로부터 피부를 보호하여 항상성을 유지하도록 도와주는 기초화장품, 베이스와 포인트로 피부에 색을 입히는 메이크업, 바디의 청결과 세정을 목적으로 하는 바디용, 헤어의 모발과 두피를 세정 및 정리하는 헤어케어용으로 나뉜다.

분류		사용목적	제품
피부용	스킨케어화장품	세정	클렌징 제품류
		정돈	화장수, 팩, 마사지, 크림 등
		보호	세럼, 크림류 등
	메이크업화장품	베이스메이크업	메이크업베이스, 파운, 페이스파우더 등
		포인트메이크업	립스틱, 아이라이너, 마스카라 등
		네일	네일에나멜 등
	바디케어화장품	목욕용	입욕제, 비누 등
		자외선차단용	선스크린, 선스프레이 등
		땀방지	데오드란트, 방치용
		탈색, 제모	제모크림, 왁스 등
		보호	보디로션, 오일 등
두발용	헤어케어 모발용	세정	샴푸
		트리트먼트	헤어린스, 에센스 등
		정발	헤어스프레이, 포마드, 무스 등
		염모, 탈색	염색제, 탈모제 등
	두피용	육모	헤어토닉, 육모제 등
		트리트먼트	두피트리트먼트 등
기타	방향화장품	방향	향수, 오데코롱 등

4. 기능성 화장품의 종류와 특징

1) 기능성 화장품의 정의

"기능성화장품"이란 피부의 미백에 도움을 주는 제품, 피부의 주름개선에 도움을 주는 제품, 피부를 곱게 태워주거나 자외선으로부터 피부를 보호하는 데에 도움을 주는 제품을 말한다.

2) 기능성 화장품의 종류와 특성

(1) 미백화장품
자외선에 의한 기미나 주근깨 등을 완화시키고 멜라닌 색소의 생성을 억제하기 위한 목적으로 개발된 제품이다.

① 미백화장품의 기본원리
  ㉠ 티로신의 산화를 촉매하는 티로시나제의 작용을 억제하는 물질로 하는 방법이다. (ex: 알부틴, 상백피 추출물, 닥나무 추출물, 감초추출물 등)
  ㉡ 도파(DOPA)의 산화를 억제하는 물질이다.(ex: 비타민 C 등)
  ㉢ 각질세포를 벗겨내어 멜라닌 색소를 제거하는 물질로 하는 방법이다.(ex: 알파-히드록시산 등)
  ㉣ 멜라닌 세포 자체를 사멸시키는 물질로 하는 방법이다.(ex: 하이드로퀴논 등)
  ㉤ 자외선을 차단하는 물질로 하는 방법이다.(ex: 옥틸디메틸 파바, 이산화티탄 등)

(2) 자외선 차단 화장품
유해한 자외선의 침투를 막아 피부를 보호하기 위한 방법으로 두 가지 차단 방법이 있다.
① 자외선 산란제: 물리적인 산란작용에 의해 자외선의 피부 침투를 차단한다.(ex: 이산화티탄, 산화아연 등)
② 자외선 흡수제: 화학적인 흡수작용에 의해 자외선을 소멸시켜 피부침투를 차단한다.(ex: 옥틸디메칠 파바(Octyldimethyl PABA 등)

(3) 주름개선 화장품
피부에 생성되는 주름을 완화하고 이미 생긴 주름을 개선하며, 피부의 탄력을 증가시켜 피부의 늘어짐을 완화하고 전반적인 피부 노화를 예방하는 기능을 갖고 있다.

① 주름개선 기능성 화장품의 작용
  ㉠ 섬유아세포의 성장을 촉진하는 물질: 레티노이드(retinoid) 등
  ㉡ 섬유아세포의 콜라겐 합성을 촉진하는 물질 : 레티놀(retinol), 아데노신(ade-nosine) 등
  ㉢ 활성산소와 프리라디칼을 제거하는 물질: 코엔자임Q 10(coenzyme Q 10) 등

5. 화장품 첨가제

1) 첨가제의 종류와 특징

(1) 보습제
① 보습제의 특징
  ㉠ 피부의 건조를 막아 부드럽고 촉촉하게 유지한다.
  ㉡ 피부를 부드럽게 하여 잔주름을 예방하여 준다.
  ㉢ 흡습력이 좋아 피부에 촉촉함을 오래도록 유지하여 준다.

② 보습제의 종류
가. 글리세린
  ㉠ 비누 제조과정 시 필요, 수분의 흡습력이 좋아 보습제로 사용한다.
  ㉡ 글리세린의 농도가 높으면 점막에 자극을 초래하고 피부를 건조하게 한다.
나. 프로필렌글리콜
  ㉠ 점성이 있고 수분을 흡수하는 성질이 있어 보습제로 사용, 글리세린 대용으로

사용된다.

다. 솔비톨

글루코오스의 기본단위로 가지며 단맛을 띄는 성질이 있다.

(2) 방부제

① 방부제의 특징

미생물에 의한 화장품의 변질을 방지하기 위해, 세균의 성장을 억제하거나 방지하는 목적을 가지고 있다.

② 방부제의 종류

㉠ 에탄올: 인체 소독용으로 살균작용이 뛰어남. 여드름용 제품에 사용한다.
㉡ 벤조산: 피부자극이 낮으며 곰팡이와 효모의 증식을 억제하는 작용을 한다. 0.05%~0.1 농도로 사용됨. 피부자극은 낮으나 간혹 알레르기를 유발할 수 있다.
㉢ 파라옥시 안식향산(paraben): 농도 0.03~0.3%이 포함된다.
㉣ 에틸파라벤/메틸파라벤: 수용성 물질에 대한 방부역할을 한다.
㉤ 프로필파라벤/부틸파라벤: 지용성 물질에 대한 방부역할을 한다.
㉥ 이미다조리디닐 우레아: 가장 흔하게 사용되는 방부제 종류로 보존제 역할을 한다.

(3) 산화방지제

① 산화방지제의 특징

화장품은 화학물질로써, 유성성분이 공기중의 산소에 의해 산화되므로, 이를 방지하기 위한 산화방지제를 사용한다.

② 산화방지제의 종류

㉠ EDTA(ethylendianmine tetraaetic acid)
㉡ BHT(butyllydroxytoluene)
㉢ BHA(butyllydroxytanisol)
㉣ 알파-토코페롤

(4) 점증제

① 점증제의 특징
화장품의 점성 및 탄력성을 증가시키는 물질이다.

② 점증제의 종류
㉠ 천연고분자: 잔탄검, 펙틴, 전문, 알긴산 등
㉡ 반합성고분자: 카르복시메틸셀룰로오스 등
㉢ 합성고분자: 카르복시비닐폴리머 등

(5) 계면활성제

계면활성제는 친수성과 친유성(소수기)을 포함하고 있으며, 표면장력의 기능을 약화시킨다. 종류로는 양이온성, 음이온성, 양쪽성, 비이온성이 있다.

① 양이온성 계면활성제
㉠ 세정작용 보다는 살균이나 정전기 방지제 등으로 사용한다.
㉡ 헤어린스, 헤어트리트먼트, 섬유 정전기 방지제 등이 포함된다.

② 음이온성 계면활성제
세정력이 강하고 기포형성 작용이 우수하여 비누, 샴푸 등에 사용되면, 에멀전의 유화제 역할이 없이 피부자극이 심하다.

③ 양쪽성 계면활성제

음이온성 계면활성제에 비하여 세정력이 약하나 피부자극이 약하므로 베이비샴푸에 사용된다.

④ 비이온성 계면활성제
㉠ 피부자극에 가장 낮아서 주로 클렌징, 화장수, 에센스, 크림의 기초류에 사용된다.
㉡ 화장수, 향수, 투명 에멀젼, 포마드, 네일 에나멜 등에 포함된다.

6. 피부타입에 따른 화장품의 성분선택

1) 건성 피부용 활성성분

· 피부의 유, 수분을 공급한다.
· 피부의 보습 및 탄력성분을 부여한다.
· 신진대사를 위한 피부의 활력을 불어넣어준다.
· 피부에 재생 및 치유작용을 준다.

(1) 콜라겐

피부에서는 진피의 주성분이나 화장품으로 사용 시는 고분자 단백질로서 보습작용이 우수하다.

(2) 엘라스틴

피부에서는 진피의 주성분이나 화장품으로 사용 시는 표면보호제로서 수분 증발

억제의 보습효과를 지니므로 건성 및 노화 피부에 활용된다.

(3) 히아루론산(hyaluronic acid)

진피 조직의 수분을 흡수할 수 있는 능력이 있으며, 촉촉한 느낌이 부여됨. 닭벼슬에서 추출했으나 최근에는 유전자 배양을 통해서 만들어진다.

(4) 레시틴(lecithin)

보습제, 유연제로 주로 사용되며 리포좀의 원료 및 천연 유화제로 사용됨. 콩, 계란노른자에서 많이 추출한다.

(5) 세라마이드(ceramide)

각질층 지질의 주성분으로서 수분증발 억제, 유해물질 침투 억제, 각질 사이에 접착제의 역할을 담당하여 피부에 자극이 없다.

(6) 알로에(aloe)

선인장과의 식물로서, 수분을 잡는 능력이 우수하여 보습력이 대표적인 효능. 그 외에도 항염증, 항 미생물, 진정, 치유작용이 있으므로 건성, 노화에 효과적이다.

2) 지성 여드름용 활성성분

· 피부의 수분을 공급한다.
· 피지를 조절하며 피부의 자극을 덜한다.
· 신진대사를 위한 피부의 활력을 불어넣어준다.
· 피지 흡착작용이 있으며, 피부 청결을 위한 성분을 가지고 있다.

(1) 캄포(camphor)

사철나무에서 주로 추출하며 피지조절, 항염증, 살균, 수렴, 냉각작용이 대표적 효능, 다크써클용 눈가 제품에도 자주 활용된다.

(2) 유황(sulfur)

유황은 조직을 건조화시키는 능력이 있으므로 각질탈락, 피지 억제, 살균작용을 지니고 여드름에 효과적이다.

(3) 살리실산(salicylic acid)

BHA로도 부르며 살균 및 피지억제 작용을 한다.

3) 노화용 활성성분

- 피부의 보습 및 영양을 공급한다.
- 피부의 탄력과 재생 및 산화방지를 도와준다.
- 신진대사를 위한 피부의 활력을 불어넣어준다.
- 피부의 항산화를 도와 피부의 노화를 예방한다.

(1) 비타민 E(tocopherol)

지용성 항산화, 항노화, 재생, 산화방지의 효과가 있으며, 지용성이므로 경피 흡수력이 우수하다.

(2) 레티놀(retinol)/레티놀 팔미데이트

비타민 A의 유도체로서 피부 정상 화물질로 알려져 있음. 항산하제 및 노화예방에 효과적이다.

(3) AHA

5가지 과일산으로 만들어진 성분으로서, 각질제거 및 재생의 효과가 있다.

(4) 레티노이드

비타민 A에 속하는 물질을 비롯하여, 피부 정상화 물질로 재생에 도움을 준다.

(5) SOD

프리라디칼 억제 효소로서 활성산소에 대해 효과적으로 방어한다.

(6) 알란토인

보습력과 치유작용이 있어 노화용 성분으로 많이 사용된다.

(7) 프로폴리스

피부진정, 치유, 항염증, 면역력 강화 효과가 있음. 각종 비타민, 아미노산이 함유되어 신진대사에 효과가 좋다.

4) 예민성 성분

- 피부의 보습 및 영양을 공급한다.
- 피부의 자극을 최소화한다.
- 신진대사를 위한 피부의 활력을 불어넣어준다.
- 피부의 진정, 치료 효과를 주어 재생에 도움을 준다.

(1) 은행잎 추출물(ginko)

항산화, 항 노화 성분으로서 혈액순환촉진, 혈관 벽에 긍정적인 보호역할을 한다.

(2) 비타민 P

수용성 비타민, 모세혈관 벽 강화능력을 준다.

(3) 비타민 K

모세 혈관 벽을 강화한다.

(4) 아줄렌

항염증, 진정작용이 탁월하여 부종을 방지, 예민, 여드름 피부에 주로 사용한다

(5) 위치하젤

홍반, 서번, 피부자극에 사용, 항염증, 치유효과가 있다.

(6) 클로로필

피부진정, 치료효과가 있다.

(6) 리보플라빈

피부유연 효과 피부트러블 방지 효과가 있다.

5) 미백용 화장품

· 피부의 미백효과를 주어 피부 투명도를 높여준다.
· 피부의 자극을 최소화한다.
· 신진대사를 위한 피부의 활력을 불어넣어준다.
· 피부의 진정, 치료 효과를 주어 재생에 도움을 준다.

(1) 비타민 C
수용성 비타민으로서 항산화, 항노화, 미백, 재생, 모세혈관 강화에 효과, 천연비타민으로 빛과 열에 약하다.

(2) 코직산
누룩에서 추출, 화장품에서는 2%까지 쓸 수 있다.

(3) 알부틴
하이드로 퀴논과 유사, 하이드로퀴논과 글루코오스를 1:1의 혼합하면 알부틴이 나옴. 월귤나무에서 추출한다.

(4) 감초추출물
감초 뿌리와 줄기에서 추출, 항 알레르기, 해독, 독성제거하여 비타민 C보다 우수하다.

6) 향수 화장품

향의 발산력 및 희석 정도에 따라 다음과 같다.

(1) 퍼퓸
㉠ 일반적으로 말하는 향수로서 15~40% 향료를 함유한다.
㉡ 약 6~7시간

(2) 오데퍼퓸
㉠ 향수로서는 9~12% 향료를 함유한다.

ⓒ 지속시간은 5~6시간

(3) 오데토일렛
　　㉠ 향료 6~8%로서 알코올에 부향시킨 제품이다.
　　ⓒ 지속시간 3~5시간

(4) 오데코롱
　　㉠ 3~5%의 향료를 함유하고 상쾌한 향이 난다.
　　ⓒ 지속시간 1~2시간

(5) 샤워코롱
　　㉠ 1~3%의 향료가 함유되어 바디용이다.
　　ⓒ 1시간용

○ **부향률과 발향시간이 높은 순서대로**

　　퍼퓸 > 오데퍼퓸 > 오데토일렛 > 오데코롱 > 샤워코롱

TIP

화장품의 제조방법

① 가용화 기술(Solubilization): 물에 녹지 않는 소량의 유성성분을 계면활성제의 미셀 형성작용을 이용하여 투명한 상태로 용해시키는 것을 말한다.(ex: 화장수, 에센스, 향수 등)

② 유화 기술(Emulsion): 많은 유성성분을 물에 균일하게 혼합시키는 기술을 말한다.(ex: 크림(O/W, W/O), 플루이드, 로션 등)

③ 분산 기술(Dispersion): 안료 등의 고체입자를 액체 속에 균일하게 혼합시키는 것을 말한다.(ex: 파운데이션, 메이크업 베이스, 크림 마스카라, 아이라이너 등)

BASIC SKIN CARE

Chapter 7

공중위생학

1. 공중위생학의 종류
2. 질병관리
3. 소독학
4. 공중위생법

Chapter 7.
공중위생학

1. 공중위생학의 종류

1) WHO의 정의(1948)

세계보건기구 (WHO)가 규정한 건강의 정의
"건강이란 단순히 질병이 없고 허약하지 않은 상태만을 의미하는 것이 아니고, 육체적, 정신적 건강과 사회적 안녕이 완전한 상태"이다.

2) 윈슬로우(winslow)의 정의(1920)

환경위생, 전염병 관리, 개인위생에 대한 개인교육, 질병의 조기진단과 예방적 치료를 위한 의료 및 간호사업의 조직, 건강유지에 적합한 생활수준을 누구나 확보할 수 있는 사회조직의 발전을 위해 조직화된 지역사회의 노력으로 질별을 예방하고 수명을 연장하며 건강과 능률을 증진시키는 과학이자 기술이라 명하다.

3) 공중 보건학의 목표

지역사회 전체주민 또는 국민전체가 하나의 연구단위

4) 공중 위생학의 분야

환경위생분야, 질병관리분야, 보건관리분야

2. 질병관리

1) 질병의 3요소

(1) 병인(Agent)
① 병인요인(agent factors)
  ㉠ 영양소: 영양소 과잉 또는 결핍으로 질병유발
  ㉡ 화학물질: 해로운 물질이 체내에 접촉하거나 침투하여 질병유발
  ㉢ 유전적 요인: 유전자 또는 유전자 조합이 질병의 원인으로 작용
  ㉣ 물리적 요인: 불, 일광, 저온, 압력, 방사능 등
  ㉤ 생물 병원체: 개체의 체내에 서식·증식하여 질병발생
    ·세균-박테리아: 폐렴, 결핵, 이질, 콜레라 등
    ·바이러스: 스스로 유전자 복제능력이 없기 때문에 살아 있는 생물체에 기생한다.(간염, 홍역, 풍진, 인플루엔자, 공수병 등)
    ·곰팡이(진균): 습진, 무좀 등

(2) 숙주(Host)

병인이 기생대상으로 삼는 생물이다.

㉠ 유전적 요소 : 인종, 관습, 행동양식, 습관 등

㉡ 병인숙주의 상호작용 : 숙주의 영양상태, 저항성, 방어능력 등

㉢ 생리적 방어기전 : 국소반응, 면역력

㉣ 연령, 성, 인종 : 어린이와 노약자, 남녀, 인종

(3) 환경(Environmetal)

㉠ 물리적 환경 : 지형학, 기후, 직업, 주거형태 등

㉡ 생물학적 환경 : 병원체, 병원소, 영양소 등 포함

㉢ 사회경제적 환경 : 인구밀도, 사회구조, 경제수준

2) 전염병의 생성

(1) 전염병의 경로

병원체-병원소-병원체의 탈출-전파-병원체의 침입

(2) 병원소로부터의 탈출

㉠ 호흡기계 탈출-폐결핵, 천연두, 수구, 백일해 등

㉡ 소화기계 탈출-장티푸스, 콜레라, 세균성 이질, 파라티푸스, 폴리오 등

㉢ 비뇨생식기계탈출-성병 등

㉣ 기계적 탈출-말라리아, 발진티푸스, 발진열 등

㉤ 개방병소로 직접탈출-나병 등

(3) 전파

구분			특징
직접전파	신체적접촉 비말감염		감기, 폐렴, 디프테리아, 유행성, 이하선, 홍역, 결핵 등
간접전파 (대부분세균감염)	비활성 매개체	무생물(우유, 물, 공기, 식품, 토양)	이질, 장티푸스, 파라디푸스, 유행성간염, 폴리오, 콜레라
		개달물(수건, 장난감, 침구, 식기, 수술기구, 의복)	트라코마, 안질
	활성매개체	매개곤충(절지동물) 파리, 모기, 벼룩 등	·모기-말라리아, 사상충 ·파리, 바퀴벌레-장티푸스, 이질 ·진드기-재귀열, 유행성출혈열 ·쥐벼룩-재귀열, 발진열 ·쥐-랩토스피라증

TIP

법정감염병신고, 진단기준의 보건복지부, 질병관리본부(2014년)

제1군 감염병	제2군 감염병	제3군 감염병	제4군 감염병
콜레라 장티푸스 파라티푸스 세균성이질 장출혈성대장균 감염증 A형간염	디프테리아 백일해 파상풍 홍역 유행성이하선염 풍진 폴리오 B형간염 일본뇌염 수두 b형헤모필루스인플루엔자	말라리아 결핵 한센병 성홍열 수막구균성 수막염 레지오넬라증 비브리오패혈증 발진티푸스 발진열 쯔쯔가무시증 렙토스피라증 브루셀라증 탄저 공수병 신증후군출혈열 인플루엔자 후천성면역결핍증 매독 크로이츠펠트-야콥병 및 변종 크로이츠펠트-야콥병	페스트 황열 뎅기열 바이러스성출혈열 두창 보툴리눔독소증 중증급성호흡기증후군 동물인플루엔자 인체감염증 조류인플루엔자인체감염증 조류인플루엔자인체감염증 신종인플루엔자 야토병 큐열 웨스트나일열 신종감염병증후군 중동호흡기증후군 라임병 진드기매개뇌염 유비저 치쿤구니야열 중증열성혈소판감소증후군
마시는 물 또는 식품을 매개로 발생하고 집단 발생의 우려가 커서 발생 또는 유행 즉시 방역대책을 수립하여야 하는 감염병	예방접종을 통하여 예방 및 관리가 가능하여 국가 예방접종사업의 대상이 되는 감염병	간헐적으로 유행할 가능성이 있어 계속 그 발생을 감시하고 방역대책의 수립이 필요한 감염병	국내에서 새롭게 발생하였거나 발생할 우려가 있는 감염병 또는 국내 유입이 우려되는 해외 유행 감염병으로서 보건복지부령으로 정하는 감염병
지체없이 신고(6)	지체없이 신고(11)	지체없이 신고(19) (단, 인플루엔자 7일이내)	지체없이 신고(18)

면역의 종류

분류			내용
선천적 면역 (자연면역)			자가 방어능력으로 종속 저항력, 인종 저항력이 이에 해당
후천적 면역	능동 면역	자연	각종 감염병의 이환된후 얻어지는 면역이며 불현성 잠복에 의한 면역이다. 해당 질병으로는 한번 감염병이 발생된후 영구 면역이 되는 것으로는 홍역, 수두, 유행성 이하선염, 콜레라, 백일해, 성홍열, 발진티푸스, 장티푸스, 패스트-면역력이 높다. 매독, 임질, 말라리아로 이는 면역력이 낮음.
		인공	백신을 통해 인공적으로 형성됨
	수동 면역	자연	면역을 보유하는 개체가 가지고 있는 항체를 다른 개체에게 전달하여 면역을 형성시키는 것이다. 태아가 모체의 태반으로부터 항체를 받거나 생후 모유를 통해 항체를 받음
		인공	회복기혈청, 면역혈청, 감마글로블린등을 주사하여 항체를 얻음.

백신의 종류

분류	내용	종류
사균 백신	병원미생물을 물리적·화학적 방법으로 죽이는 접종으로 면역을 유지하기 위하여 추가접종이 필요	장티푸스, 파라디푸스, 콜레라, 백일해, 일본뇌염, 폴리, 소아마비 등
생균 백신	병원미생물의 독력을 약하게 만든 생균의 현탄액으로 하는 살아있는 균을 접종하는 방법	탄저, 광견병, 결핵(B.C.G), 황열, 폴리오, 홍역, 등
순환 독소	세균의 체외독소를 변질시켜 약하게 하여 접종하는 방법	디프테리아, 파상풍 등

생균 사균의 비교

분류	생균	사균
특성	체내증식	체내증식하지 못함
면역기간	장기간 지속	단기간 지속 처음 접촉시 2~3회 추가 접종
부작용	백신, 바이러스 자체에 의해 일어남 위독증세가 보임	이물질, 알레르기에 의해 발열, 쇼크발생 가능, 접종 후 24시간 이내 처치 필요

3. 소독학

1) 세균학

먼지나 쓰레기 혹은 질병을 일으키는 속에 있는 미세한 조직의 단세포. 병원성 세균과 비병원성 세균으로 나뉜다.

(1) 세균의 형태
① 병원성 세균: 식물이나 동물 조직에 침범 하여 질병을 일으킴
② 비병원성 세균: 이로운 세균이며, 질병을 일으키지 않음

(2) 세균의 종류
① 구균: 둥근 모양의 유기체
　㉠ 포도상구균-농을 형성하는 유기체, 포도송이 모양으로 생장(종양, 농포, 종기의 원인균)
　㉡ 연쇄상 구균-농을 형성하는 유기체, 사슬모양으로 생장(급성인후염의 원인균)
　㉢ 쌍구균-쌍으로 생장(폐렴균의 원인균)
② 간균: 짧은 막대 모양의 유기체(파상풍, 감기, 홍역, 장티푸스, 결핵, 디프테리아 등)
③ 나선균: 휘어지거나 나사 모양의 유기체(매독균)

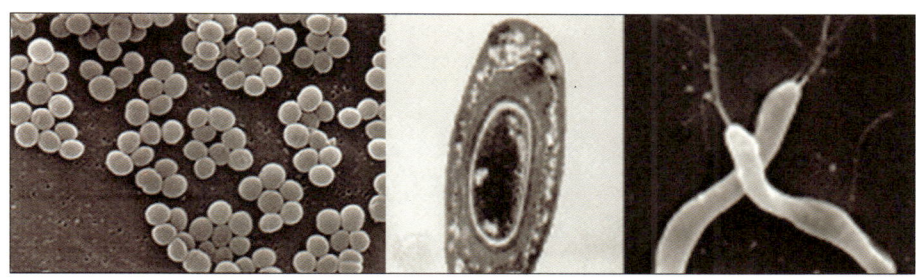

[그림 구균]　　　[그림 간균]　　　[그림 나선균]

(3) 세포의 성장과 재생
① 활동기와 생장기
: 활동기 동안 세균은 성장하고 재생, 유사 분열한다.

② 비활동 포자형태
: 주위환경이 좋지 않을 때 띄는 형태이다.

(4) 세균의 운동
① 구균: 활동성이 높음
② 간균, 나선균: 운동성이 있음

(5) 세균 감염
① 감염: 병원성 미생물이 사람이나 동물, 식물의 조직, 채액표면에 정확하여 증식하는 일. 국소감염, 전신감염.
② 체내로 감염: 잘리거나 농루, 긁힌 것 같은 상처 입(호흡기로 통해, 물이나 음식물 통해)

2) 소독학의 용어

(1) 정균
미생물의 발육이 정지된 경우.

(2) 무균
미생물이 전혀 존재하지 않는 경우.

(3) 소독
병원성 미생물을 죽이거나 제거하여 감염력을 없애는 조작.

(4) 방부
약한 살균력을 작용시켜 병원미생물의 발육과 그 작용을 제기 및 정지시킴.

(5) 살균
미생물의 물리적, 화학적 작용을 통해 미생물이 증식을 사멸하는 과정

(6) 멸균
모든 균을 사멸시켜 무균상태로 만드는 방법

(7) 아포
세균이 불리한 환경이 주어지면 아포를 형성

(8) 오염제거
독성의 제거와 불활성까지 포함되는 개념

(9) 수증기
물분자가 끓는 점 이상이 되어 기체가 된 상태

(10) 진공
공기 또는 가스가 전혀 존재하지 않는 상태

(11) 잔 존자

어느 정도 시간이 경과되었어도 아직 사멸되지 않고 남아 있는 미생물

(12) 가열살균
식품보존기술의 주요한 방법(저온, 고온 살균)

3) 소독학의 조건

① 살균효과가 높을 것
② 안전성이 있을 것
③ 용해도가 높은 것
④ 부식성 및 표백성이 없을 것
⑤ 냄새가 나지 않아 불쾌감을 주지 않을 것
⑥ 침투력이 강할 것
⑦ 사용이 간편할 것
⑧ 경제적일 것

4) 소독학의 종류

(1) 자연 소독법
① 희석에 의한 소독법: 피부와 모발에 관련된 분비물 등을 청결하게 세척하는 방법
② 태양광선에 의한 소독법: 자외선으로부터 살균소독
③ 한랭에 의한 자연소독법: 저온 상태를 이용. 효소촉매 속도 지연으로 세균발육 촉진

(2) 물리적 소독법

① 건열소독법(Dry Heat)
  ㉠ 화염에 멸균법 – 멸균하고자 하는 세균을 화염에 직접 접촉하여 최소 20초 이상 가열하는 방법
 ○ **대상물: 핀셋, 백금선, 사기제품 등**
  ㉡ 빛에 의한 멸균법
   · 자외선 멸균법: 태양광선의 자외선 중 UVC선(280nm~320nm)은 최적의 살균 방법
 ○ **대상물: 병원의 수술실, 미용용 가위나 빗 등**
   방사선 멸균법: 코발트(Co), 세슘(Cs)과 같은 대량의 방사선을 방출하여 살균
 ○ **대상물: 식료품, 산업용품, 의료품 등**
  ㉢ 여과 멸균법: 열에 불안정한 액체의 멸균에 이용되는 것이며 바이러스는 걸러지지 않음
 ○ **대상물: 가열에 의해 변질될 수 있는 혈청, 당요소 등**
  ㉣ 초음파 살균법: 매초 8,800Hz의 음파는 상이 다른 2개 이상의 물질을 균일하게 충돌하여 응집작용으로 살균
 ○ **대상물: 나선균 등**
  ㉤ 건열멸균법: 건열에 의해 산화 또는 탄화시켜 멸균
 ○ **대상물: 유리 주사기, 주사바늘, 금속제품, 파라핀, 분말 등**

② 습열 소독법
  ㉠ 자비소독법(Boiling Water) : 100℃의 끓는 물속에 직접 담궈 20분 이상 끓이는 방법(가죽제품은 제외, 금속이 녹스는 것을 막음: 탄산나트륨 1~2%)
 ○ **대상물: 금속기구, 사기제품, 주사기 등**
  ㉡ 저온소독법(Pasteurization) : 프랑스의 파스퇴르에 의해 고안, 62~63℃에서 30분 이상 온도와 시간을 기준으로 소독

○ 대상물: 유제품, 치즈, 포도주 등

ⓒ 고압증기멸균소독(Autoclaving Steam Sterilization) : 섭씨 100~135℃의 고온의 수증기를 미생물, 포자 등과 접촉시켜 가열처리. 미세한 공간에도 침투성이 좋음. 포자를 포함한 모든 미생물을 거의 완전하게 멸균

○ 대상물: 이·미용기구, 고무제품, 거즈, 자기류 등

③ 화학적 소독법
  ㉠ 가스를 이용한 멸균법
   · EO(Ethylene Oxide)가스: 수용액상태나 가스상태 중에서도 가장 넓은 범위에서 미생물에 살균

○ 대상물: 각종 내시경 기구, 플라스틱 고무제품 등
   · 포름알데히드가스(Formaldehyde): 세균포자를 포함한 광범위한 미생물의 살균

○ 대상물: 방이나, 건물 등
   · 프로필렌 옥사이드(propylene Oxide): 미생물에 대해 살균

○ 대상물: 곰팡이, 효모, 포자 등
   · 오존(Ozone): 물의 살균

  ㉡ 산류: 초산, 안식향산, 붕산, 젖산
  ㉢ 석탄산류: 석탄산, 크레졸, 헥사클로로펜. 사용되는 농도에 다라 정균적 혹은 살균적으로 사용. 그람 양성 및 결핵균에 효과 및 바이러스에 효과 없음.
  ㉣ 알코올류(Alcohol)
   · 에탄올(Ethanol): 의료용 소독제로서 70~80%의 농도 사용

○ 대상물: 손, 기구, 피부소독 등
   · 이소프로판올(Isopropanol): 살균력이 큰 화학 소독약품으로 살균력 70%이상의 농도 사용

  ㉤ 산화제: 과산화수소가 있으며 3% 수용액을 만들어 사용

○ 대상물: 입 안상처, 피부소독, 구내염 등

ⓗ 염소제: 물, 음료수 정화와 부식력이 강하므로 금속에는 사용을 금한다. 주로 염소와 요오드계가 살균제로 이용

○ 종류: 차아염소산 나트륨, 염소유기화합물, 염화제피란

ⓢ 중금속류
- 염화제2수은: 보통 0.1% 수용액를 손 등의 소독에 사용
- 머큐로크롬: 머큐로크롬의 2%는 피부 및 점막 손독에 사용
- 은 화합물: 질산은(AgaNO3)은 신생아의 임균 감염 예방에 사용

ⓞ 요오드화합물
- 요오드팅크(Iodine Tincture): 옥도정기라 하며, 요오드 6g을 요오드화칼륨 4g과 함께 70%의 에탄올에 녹여서 100cc로 사용, 일명 소독약
- 요오드포르(Iodophors): 계면활성제를 요오드에 첨가하여 만든 복합물질로서 요오드팅크의 피부자극을 완화

ⓩ 알데히드류(Aldehyde)
- 포름알데히드(Formaldehyde): 미생물에 대한 살균작용으로 사용되며 농도지수 1~2%

○ 대상물: 고무, 금속제품, 플라스틱의 기계 등

④ 계면활성제류
ㄱ 양이온 계면 활성제(역성비누): 손 소독에 사용
ㄴ 양성 계면활성제: 기계, 기구, 거즈, 의류, 손 등에 사용
ㄷ 음이온 계면활성제: 살균작용은 낮고 세정을 통한 균의 제거 목적, 비누, 클렌징 등

⑤ 페놀 화합물

㉠ 석탄산(Phenol) : 단백질 응고작용으로 살균, 기구나 실내용 소독 1~3% 수용액
　㉡ 크레졸(Cresol) : 바이러스의 소독효과는 적으나 세균에는 소독효과 큼
　㉢ 헥사클로로펜(Hexachlorophene) : 수술 전 피부에 사용하며, 손소독 0.25%의 액체비누와 3% 세척용액이 사용

5) 이용도구의 소독기준

가. 일반기준

① 자외선소독: 1㎠당 85㎼ 이상의 자외선을 20분 이상 쬐어준다.
② 건열멸균소독: 섭씨 100℃ 이상의 건조한 열에 20분 이상 쐬어준다.
③ 증기소독: 섭씨 100℃ 이상의 습한 열에 20분 이상 쐬어준다.
④ 열탕소독: 섭씨 100℃ 이상의 물속에 10분 이상 끓여준다.
⑤ 석탄산수소독: 석탄산수(석탄산 3%, 물 97%의 수용액을 말한다)에 10분 이상 담가둔다.
⑥ 크레졸소독: 크레졸수(크레졸 3%, 물 97%의 수용액을 말한다)에 10분 이상 담가둔다.
⑦ 에탄올소독: 에탄올수용액(에탄올이 70%인 수용액을 말한다. 이하 이 호에서 같다)에 10분 이상 담가두거나 에탄올수용액을 머금은 면 또는 거즈로 기구의 표면을 닦아준다.

나. 개별기준

　이용기구 및 미용기구의 종류·재질 및 용도에 따른 구체적인 소독기준 및 방법은 보건복지부장관이 정하여 고시한다.

6) 소독 대상물에 따른 소독방법

① 대소변, 배설물, 토사물: 석탄산, 크레졸, 포르말린 수, 생석회 등
② 의복, 침구류: 일광소독, 증기소독, 자비소독, 석탄산 등
③ 초자기구, 도자기류: 증기자비, 건열멸균, 자외선 등
④ 고무, 피혁제품, 칠기: 포름알데히드가스, 소독용 에탄올, 역성비누액 등
⑤ 화장실, 쓰레기통, 하수구: 크레졸, 생석회 등
⑥ 병실환자 및 환자 접촉자: 석탄산수, 크레졸수, 승홍수, 역성비누 등
⑦ 전염병동: 포르말린으로 침상소독하고, 증기 또는 E.O 가스로 매트리스, 시트 등

7) 미용분야의 위생, 소독

(1) 영업소 내의 응접 장소, 상담실, 탈의실, 관리실

실내 환기 및 특유의 냄새 제거, 바닥 및 천장과 벽면은 석탄산, 크레졸, 포르말린 등

(2) 미용기기류 위생, 소독

기기는 오래된 먼지나 금속의 녹으로 인해 변질된 것을 없애도록 하며, 잦은 제품의 사용으로 내용물 입구를 닦아주고, 베드 위의 오일로 인한 냄새와 찌든 때를 제거, 기기와 제품, 베드는 마른 천에 역성비누액이나 소독용 알코올 소독

(3) 베드타올(타올류)

트로코마, 안과질환 등에 의한 감염을 예방해야 하며, 자비소독, 세탁시에 가정 표백제와 함께 세탁

(4) 미용 용기 및 도구의 위생, 소독

팩붓, 해면 스펀지, 화장솜, 스파듈라, 란셋, 바늘류, 팩류, 베드깔개 등은 자외선

소독기와 소독 시 사용하는 에탄올을 이용하여 살균

(5) 욕조

물로 인한 찌든 때와 제품 특유의 냄새를 제거하도록 하며, 역성비누액이나 욕실 전용 살균제를 이용하여 제거

4. 공중위생법

1) 공중위생법의 목적과 정의

(1) 목적: 공중이 이용하는 영업과 시설의 위생관리 등에 관한 사항을 규정함으로써 위생수준을 향상시켜 국민의 건강증진에 기여함을 목적으로 한다.
(2) 정의: 다수인을 대상으로 위생관리서비스를 제공하는 영업으로서 숙박업·목욕장업·이용업·미용업·세탁업·위생관리 용역업을 말한다.
  ○ 이용업: 손님의 머리카락 또는 수염을 깎거나 다듬는 등의 방법으로 손님의 용모를 단정하게 하는 영업을 말한다.
  ○ 미용업: 손님의 얼굴·머리·피부 등을 손질하여 손님의 외모를 아름답게 꾸미는 영업을 말한다.[시행일 2014. 7. 1]
  ○ 제14조(업무범위) [시행2015.1.30] [보건복지부령 제296호, 2015.1.30, 일부개정]
가. 미용업(일반): 파마·머리카락자르기·머리카락모양내기·머리피부손질·머리카락염색·머리감기, 의료기기나 의약품을 사용하지 아니하는 눈썹손질을 하는 영업
나. 미용업(피부): 의료기기나 의약품을 사용하지 아니하는 피부상태분석·피부

관리·제모(除毛)·눈썹손질을 하는 영업
다. 미용업(손톱·발톱): 손톱과 발톱을 손질·화장(化粧)하는 영업
라. 미용업(화장·분장): 얼굴 등 신체의 화장, 분장 및 의료기기나 의약품을 사용하지 아니하는 눈썹손질을 하는 영업
마. 미용업(종합): 가목부터 라목까지의 업무를 모두 하는 영업[전문개정 2012.1.10.]

2) 공중위생법의 종류

(1) 영업의 종류별 시설 및 설비기준(제2조 관련)

[시행 2016.1.5.] [보건복지부령 제390호, 2016.1.5., 일부개정]

Ⅰ. 일반기준

1. 공중위생영업장은 독립된 장소이거나 공중위생영업 외의 용도로 사용되는 시설 및 설비와 분리되어야 한다.
2. 제1호에도 불구하고 영 제4조제2호 각 목에 해당하는 미용업을 2개 이상 함께 하는 경우로서 다음 각 목의 요건을 모두 갖추는 경우에는 미용업의 영업장소를 각각 별도로 구획하지 아니하여도 된다.

가. 해당 미용업의 영업신고는 1인(공동명의로 신고한 경우를 포함한다)으로 되어 있을 것
나. 각각의 영업에 필요한 시설 및 설비기준을 모두 갖출 것

Ⅱ. 개별기준

1. 이용업

가. 이용기구는 소독을 한 기구와 소독을 하지 아니한 기구를 구분하여 보관할 수 있는 용기를 비치하여야 한다.
나. 소독기·자외선 살균기 등 이용기구를 소독하는 장비를 갖추어야 한다.

다. 응접장소와 작업장소 또는 의자와 의자를 구획하는 커튼·칸막이 그 밖에 이와 유사한 장애물을 설치하여서는 아니 된다.

라. 영업소 안에는 별실 그 밖에 이와 유사한 시설을 설치하여서는 아니 된다.

2. 미용업

가. 미용업(일반), 미용업(손톱·발톱) 및 미용업(화장·분장)

(1) 미용기구는 소독을 한 기구와 소독을 하지 아니한 기구를 구분하여 보관할 수 있는 용기를 비치하여야 한다.

(2) 소독기·자외선살균기 등 미용기구를 소독하는 장비를 갖추어야 한다.

(3) 작업장소, 응접장소, 상담실 등을 분리하기 위해 칸막이를 설치할 수 있으나, 설치된 칸막이에 출입문이 있는 경우 출입문의 3분의 1 이상을 투명하게 하여야 한다. 다만, 탈의실의 경우에는 출입문을 투명하게 하여서는 아니 된다.

나. 미용업(피부) 및 미용업(종합)

(1) 피부미용업무에 필요한 베드(온열장치포함), 미용기구, 화장품, 수건, 온장고, 사물함 등을 갖추어야 한다.

(2) 미용기구는 소독을 한 기구와 소독을 하지 아니한 기구를 구분하여 보관할 수 있는 용기를 비치하여야 한다.

(3) 소독기·자외선살균기 등 미용기구를 소독하는 장비를 갖추어야 한다.

(4) 작업장소, 응접장소, 상담실 등을 분리하기 위해 칸막이를 설치할 수 있으나, 설치된 칸막이에 출입문이 있는 경우 출입문의 3분의 1 이상을 투명하게 하여야 한다. 다만, 탈의실의 경우에는 출입문을 투명하게 하여서는 아니 된다.

(5) 작업장소 내 베드와 베드 사이에 칸막이를 설치할 수 있으나, 설치된 칸막이에 출입문이 있는 경우 그 출입문의 3분의 1 이상은 투명하게 하여야 한다.

(2) 공중위생영업자가 준수하여야 하는 위생관리기준 등(제7조 관련)

[시행 2016.1.5.] [보건복지부령 제390호, 2016.1.5., 일부개정]

1. 이용업자

가. 이용기구 중 소독을 한 기구와 소독을 하지 아니한 기구는 각각 다른 용기에 넣어 보관하여야 한다.

나. 1회용 면도날은 손님 1인에 한하여 사용하여야 한다.

다. 영업장안의 조명도는 75룩스 이상이 되도록 유지하여야 한다.

라. 영업소 내부에 이용업 신고증 및 개설자의 면허증 원본을 게시하여야 한다.

마. 영업소 내부에 부가가치세, 재료비 및 봉사료 등이 포함된 요금표(이하 "최종지불요금표"라 한다)를 게시 또는 부착하여야 한다.

바. 마목에도 불구하고 신고한 영업장 면적이 66제곱미터 이상인 영업소의 경우 영업소 외부(출입문, 창문, 외벽면 등을 포함한다, 이하 같다)에도 손님이 보기 쉬운 곳에 「옥외광고물 등 관리법」에 적합하게 최종지불요금표를 게시 또는 부착하여야 한다. 이 경우 최종지불요금표에는 일부항목(3개 이상)만을 표시할 수 있다.

2. 미용업자

가. 점빼기·귓볼뚫기·쌍꺼풀수술·문신·박피술 그 밖에 이와 유사한 의료행위를 하여서는 아니된다.

나. 피부미용을 위하여 「약사법」에 따른 의약품 또는 「의료기기법」에 따른 의료기기를 사용하여서는 아니 된다.

다. 미용기구 중 소독을 한 기구와 소독을 하지 아니한 기구는 각각 다른 용기에 넣어 보관하여야 한다.

라. 1회용 면도날은 손님 1인에 한하여 사용하여야 한다.

마. 영업장안의 조명도는 75룩스 이상이 되도록 유지하여야 한다.

바. 영업소 내부에 미용업 신고증 및 개설자의 면허증 원본을 게시하여야 한다.

사. 영업소 내부에 최종지불요금표를 게시 또는 부착하여야 한다.

아. 사목에도 불구하고 신고한 영업장 면적이 66제곱미터 이상인 영업소의 경우

영업소 외부에도 손님이 보기 쉬운 곳에 「옥외광고물 등 관리법」에 적합하게 최종지불요금표를 게시 또는 부착하여야 한다. 이 경우 최종지불요금표에는 일부항목(5개 이상)만을 표시할 수 있다.

(3) 공중이용시설 안에서 발생되지 아니하여야 할 오염물질의 종류와 허용되는 오염의 기준

〈개정 2005.11.1.〉(제8조제2항 관련)

오염물질의 종류	오염허용기준
○ 미세먼지(PM-10)	24시간 평균치 150㎍/㎥ 이하
○ 일산화탄소(CO)	1시간 평균치 25ppm 이하
○ 이산화탄소(CO_2)	1시간 평균치 1,000ppm 이하
○ 포름알데이드(HCHO)	1시간 평균치 120㎍/㎥ 이하

(4) 영업의 신고 및 폐업

미용업을 하고자 하는 자는 보건복지부령이 전하는 시설 및 설비를 갖추고 시장, 군수, 구청장에 한다.

(1) 미용업의 시설 및 설비기준

(2) 영업의 신고 및 폐업

변경신고 대상: [시행2016.1.5] [보건복지부령 제390호, 2016.1.5, 일부개정]

① 영업소의 명칭 또는 상호

② 영업소의 소재지

③ 신고한 영업장 면적의 3분의 1 이상의 증감

④ 대표자의 성명 또는 생년월일

⑤ 「공중위생관리법 시행령」(이하 "영"이라 한다) 제4조제1호 각 목에 따른 숙박업 업종 간 변경

⑥ 영 제4조제2호 각 목에 따른 미용업 업종 간 변경
⑦ 법 제3조제1항 후단에 따라 변경신고를 하려는 자는 별지 제5호서식의 영업신고사항 변경신고서(전자문서로 된 신고서를 포함한다)에 다음 각 호의 서류를 첨부하여 시장·군수·구청장에게 제출하여야 한다.

(5) 미용업의 폐업신고 및 승계
(1) 폐업신고: 미용업 폐업한 날부터 20일내에 시장, 군수, 구청장
(2) 미용업 승계: 이용업자의 지위승계는 1월 이내

(6) 이용사 및 미용사의 면허 등
[개정 2013. 3. 23]

1. 이용사 또는 미용사가 되고자 하는 자는 다음 각호의 1에 해당하는 자로서 보건복지부령이 정하는 바에 의하여 시장·군수·구청장에 면허를 받아야 한다.
① 전문대학 또는 이와 동등 이상의 학력이 있다고 교육부장관이 인정하는 학교에서 이용 또는 미용에 관한 학과를 졸업한 자
①의 ②「학점인정 등에 관한 법률」제8조에 따라 대학 또는 전문대학을 졸업한 자와 동등 이상의 학력이 있는 것으로 인정되어 같은 법 제9조에 따라 이용 또는 미용에 관한 학위를 취득한 자
② 고등학교 또는 이와 동등의 학력이 있다고 교육부장관이 인정하는 학교에서 이용 또는 미용에 관한 학과를 졸업한 자
③ 교육부장관이 인정하는 고등기술학교에서 1년 이상 이용 또는 미용에 관한 소정의 과정을 이수한 자
④ 국가기술자격법에 의한 이용사 또는 미용사의 자격을 취득한 자
2. 다음 각호의 1에 해당하는 자는 이용사 또는 미용사의 면허를 받을 수 없다.
① 금치산자

② 「정신보건법」제3조제1호에 따른 정신질환자. 다만, 전문의가 이용사 또는 미용사로서 적합하다고 인정하는 사람은 그러하지 아니하다.

③ 공중의 위생에 영향을 미칠 수 있는 감염병환자로서 보건복지부령이 정하는 자

④ 마약 기타 대통령령으로 정하는 약물 중독자

⑤ 제7조제1항제1호 또는 제3호의 사유로 면허가 취소된 후 1년이 경과되지 아니한 자

3. 제6조(마약외의 약물 중독자) 법 제6조제2항제4호에서 "기타 대통령령으로 정하는 약물중독자"라 함은 대마 또는 향정신성의약품의 중독자를 말한다.

(7) 이용사 및 미용사의 면허 발급

[시행2016.1.5] [보건복지부령 제390호, 2016.1.5, 일부개정]

제9조(이용사 및 미용사의 면허) ① 법 제6조제1항에 따라 이용사 또는 미용사의 면허를 받으려는 자는 별지 제7호서식의 면허 신청서(전자문서로 된 신청서를 포함한다)에 다음 각 호의 서류를 첨부하여 시장·군수·구청장에게 제출하여야 한다.

① 법 제6조제1항제1호 및 제2호에 해당하는 자 : 졸업증명서 또는 학위증명서 1부

② 법 제6조제1항제3호에 해당하는 자 : 이수증명서 1부

③ 법 제6조제2항제2호 본문에 해당되지 아니함을 증명하는 최근 6개월 이내의 의사의 진단서 또는 같은 호 단서에 해당하는 경우에는 이를 증명할 수 있는 전문의의 진단서 1부

④ 법 제6조제2항제3호 및 제4호에 해당되지 아니함을 증명하는 최근 6개월 이내의 의사의 진단서 1부

⑤ 최근 6개월 이내에 찍은 가로 3센티미터 세로 4센티미터의 탈모 정면 상반신 사진 2매

⑥ 제1항에 따라 신청을 받은 시장·군수·구청장은 「전자정부법」 제36조제1항에

따른 행정정보의 공동이용을 통하여 다음 각 호의 서류를 확인하여야 한다. 다만, 신청인이 확인에 동의하지 아니하는 경우에는 해당 서류를 첨부하도록 하여야 한다.

〈개정 2012.6.29〉

- 학점은행제학위증명(신청인이 법 제6조제1항제1호의2에 해당하는 사람인 경우에만 해당한다)
- 국가기술자격취득사항확인서(신청인이 법 제6조제1항제4호에 해당하는 사람인 경우에만 해당한다)
- 법 제6조제2항제3호에서 "보건복지부령이 정하는 자"란 「감염병의 예방 및 관리에 관한 법률」 제2조제4호에 따른 결핵(비감염성인 경우는 제외한다)환자를 말한다.
- 시장·군수·구청장은 제1항에 따라 이용사 또는 미용사 면허증발급신청을 받은 경우에는 그 신청내용이 법 제6조에 따른 요건에 적합하다고 인정되는 경우에는 별지 제8호서식의 면허증을 교부하고, 별지 제9호서식의 면허등록관리대장(전자문서를 포함한다)을 작성·관리하여야 한다.

(8) 영업소 외에서의 이용 및 미용업무

[시행2016.1.5] [보건복지부령 제390호, 2016.1.5, 일부개정]

제13조(영업소 외에서의 이용 및 미용 업무) 법 제8조제2항 단서에서 "보건복지부령이 정하는 특별한 사유"란 다음 각 호의 사유를 말한다. 〈개정 2010.3.19, 2012.6.29, 2015.1.5.〉

① 질병이나 그 밖의 사유로 영업소에 나올 수 없는 자에 대하여 이용 또는 미용을 하는 경우
② 혼례나 그 밖의 의식에 참여하는 자에 대하여 그 의식 직전에 이용 또는 미용을 하는 경우

③ 「사회복지사업법」 제2조제4호에 따른 사회복지시설에서 봉사활동으로 이용 또는 미용을 하는 경우
④ 방송 등의 촬영에 참여하는 사람에 대하여 그 촬영 직전에 이용 또는 미용을 하는 경우
⑤ 제1호부터 제4호까지의 경우 외에 특별한 사정이 있다고 시장·군수·구청장이 인정하는 경우

(9) 위생관리등급

[시행2016.1.5] [보건복지부령 제390호, 2016.1.5, 일부개정]

제21조(위생관리등급의 구분 등) ①법 제13조제4항의 규정에 의한 위생관리등급의 구분은 다음 각호와 같다.

① 최우수업소 : 녹색등급
② 우수업소 : 황색등급
③ 일반관리대상 업소 : 백색등급
④ 제1항의 규정에 의한 위생관리등급의 판정을 위한 세부항목, 등급결정 절차와 기타 위생서비스평가에 필요한 구체적인 사항은 보건복지부장관이 정하여 고시한다.

(10) 위생서비스수준의 평가주기

[시행2016.1.5] [보건복지부령 제390호, 2016.1.5, 일부개정]

제20조(위생서비스수준의 평가주기) 법 제13조제4항의 규정에 의한 공중위생영업소의 위생서비스수준 평가(이하 "위생서비스평가"라 한다. 이하 같다)는 2년마다 실시하되, 공중위생영업소의 보건·위생관리를 위하여 특히 필요한 경우에는 보건복지부장관이 정하여 고시하는 바에 의하여 공중위생영업의 종류 또는 제21조의 규정에 의한 위생관리등급별로 평가주기를 달리할 수 있다.

(11) 위생교육

[시행2016.1.5] [보건복지부령 제390호, 2016.1.5, 일부개정] 제23조(위생교육)

① 법 제17조에 따른 위생교육은 3시간으로 한다. 〈개정 2011.2.10〉

② 위생교육의 내용은 「공중위생관리법」 및 관련 법규, 소양교육(친절 및 청결에 관한 사항을 포함한다), 기술교육, 그 밖에 공중위생에 관하여 필요한 내용으로 한다.

③ 법 제17조제1항 및 제2항에 따른 위생교육 대상자 중 보건복지부장관이 고시하는 도서·벽지지역에서 영업을 하고 있거나 하려는 자에 대하여는 제7항에 따른 교육교재를 배부하여 이를 익히고 활용하도록 함으로써 교육에 갈음할 수 있다.

〈개정 2010.3.19〉

④ 법 제17조제2항 단서에 따라 영업신고 전에 위생교육을 받아야 하는 자 중 다음 각호의 어느 하나에 해당하는 자는 영업신고를 한 후 6개월 이내에 위생교육을 받을 수 있다.

1. 천재지변, 본인의 질병·사고, 업무상 국외출장 등의 사유로 교육을 받을 수 없는 경우
2. 교육을 실시하는 단체의 사정 등으로 미리 교육을 받기 불가능한 경우

⑤ 법 제17조제2항에 따른 위생교육을 받은 자가 위생교육을 받은 날부터 2년 이내에 위생교육을 받은 업종과 같은 업종의 영업을 하려는 경우에는 해당 영업에 대한 위생교육을 받은 것으로 본다.

⑥ 법 제17조제4항에 따른 위생교육을 실시하는 단체(이하 "위생교육 실시단체"라 한다)는 보건복지부장관이 고시한다. 〈개정 2010.3.19〉

⑦ 위생교육 실시단체는 교육교재를 편찬하여 교육대상자에게 제공하여야 한다.

⑧ 위생교육 실시단체의 장은 위생교육을 수료한 자에게 수료증을 교부하고, 교육실시 결과를 교육 후 1개월 이내에 시장·군수·구청장에게 통보하여야 하

며, 수료증 교부대장 등 교육에 관한 기록을 2년 이상 보관·관리하여야 한다.

⑨ 제1항부터 제8항까지의 규정 외에 위생교육에 관하여 필요한 세부사항은 보건복지부장관이 정한다. 〈개정 2010.3.19〉

(12) 행정처분(미용업)

[보건복지부령 제390호, 2016.1.5, 일부개정]

Ⅰ. 일반기준

1. 위반행위가 2 이상인 경우로서 그에 해당하는 각각의 처분기준이 다른 경우에는 그중 중한 처분기준에 의하되, 2 이상의 처분기준이 영업정지에 해당하는 경우에는 가장 중한 정지처분기간에 나머지 각각의 정지처분기간의 2분의 1을 더하여 처분한다.

2. 행정처분을 하기 위한 절차가 진행되는 기간 중에 반복하여 같은 사항을 위반한 때에는 그 위반횟수마다 행정처분 기준의 2분의 1씩 더하여 처분한다.

3. 위반행위의 차수에 따른 행정처분기준은 최근 1년간(「성매매알선 등 행위의 처벌에 관한 법률」 제4조를 위반하여 관계 행정기관의 장이 행정처분을 요청한 경우에는 최근 3년간) 같은 위반행위로 행정처분을 받은 경우에 이를 적용한다. 이때 그 기준적용일은 동일 위반사항에 대한 행정처분일과 그 처분후의 재적발일(수거검사에 의한 경우에는 검사결과를 처분청이 접수한 날)을 기준으로 한다.

4. 행정처분권자는 위반사항의 내용으로 보아 그 위반정도가 경미하거나 해당위반사항에 관하여 검사로부터 기소유예의 처분을 받거나 법원으로부터 선고유예의 판결을 받은 때에는 Ⅱ. 개별기준에 불구하고 그 처분기준을 다음의 구분에 따라 경감할 수 있다.

가. 영업정지 및 면허정지의 경우에는 그 처분기준 일수의 2분의 1의 범위 안에서 경감할 수 있다.

나. 영업장폐쇄의 경우에는 3월 이상의 영업정지처분으로 경감할 수 있다.

5. 영업정지 1월은 30일을 기준으로 하고, 행정처분기준을 가중하거나 경감하는 경우 1일 미만은 처분기준 산정에서 제외한다.

Ⅱ. 개별기준

위반사항	관련법규	행정처분기준			
		1차 위반	2차 위반	3차 위반	4차 위반
1. 미용사의 면허에 관한 규정을 위반한 때	법 제7조제1항				
가. 국가기술자격법에 따라 미용사자격이 취소된 때		면허취소			
나. 국가기술자격법에 따라 미용사자격정지처분을 받은 때		면허정지	(국가기술자격법에 의한 자격정지처분기간에 한한다)		
다. 법 제6조제2항제1호 내지 제4호의 결격사유에 해당한 때		면허취소			
라. 이중으로 면허를 취득한 때		면허취소	(나중에 발급받은 면허를 말한다)		
마. 면허증을 다른 사람에게 대여한 때		면허정지 3월	면허정지 6월	면허취소	
바. 면허정지처분을 받고 그 정지기간중 업무를 행한 때		면허취소			
2. 법 또는 법에 의한 명령에 위반한 때	법 제11조제1항				
가. 시설 및 설비기준을 위반한 때	법 제3조제1항	개선명령	영업정지 15일	영업정지 1월	영업장 폐쇄명령
나. 신고를 하지 아니하고 영업소의 명칭 및 상호 또는 영업장 면적의 3분의1이상을 변경한 때	법 제3조제1항	경고 또는 개선명령	영업정지 15일	영업정지 1월	영업장 폐쇄명령
다. 신고를 하지 아니하고 영업소의 소재지를 변경한 때	법 제3조제1항	영업장 폐쇄명령			

위반사항	관련법규	행정처분기준			
		1차 위반	2차 위반	3차 위반	4차 위반
라. 영업자의 지위를 승계한 후 1월 이내에 신고하지 아니한 때	법 제3조의2제4항	개선명령	영업정지 10일	영업정지 1월	영업장 폐쇄명령
마. 소독을 한 기구와 소독을 하지 아니한 기구를 각각 다른 용기에 넣어 보관하지 아니하거나 1회용 면도날을 2인 이상의 손님에게 사용한 때	법 제4조제4항	경고	영업정지 5일	영업정지 10일	영업장 폐쇄명령
바. 피부미용을 위하여 「약사법」에 따른 의약품 또는 「의료기기법」에 따른 의료기기를 사용한 때	법 제4조제7항	영업정지 2월	영업정지 3월	영업장 폐쇄명령	
사. 공중위생영업자의 위생관리의무 등을 위반한 때	법 제4조제4항 및 제7항				
(1) 점빼기·귓볼뚫기·쌍꺼풀수술·문신·박피술 그 밖에 이와 유사한 의료행위를 한 때		영업정지 2월	영업정지 3월	영업장 폐쇄명령	
(2) 미용업 신고증 및 면허증 원본을 게시하지 아니하거나 업소내 조명도를 준수하지 아니한 때		경고 또는 개선명령	영업정지 5일	영업정지 10일	영업장 폐쇄명령
(3) 삭제 〈2011.2.10〉					
아. 영업소 외의 장소에서 업무를 행한 때	법 제8조제2항	영업정지 1월	영업정지 2월	영업장 폐쇄명령	
자. 시·도지사, 시장·군수·구청장이 하도록 한 필요한 보고를 하지 아니하거나 거짓으로 보고한 때 또는 관계공무원의 출입·검사를 거부·기피하거나 방해한 때	법 제9조제1항	영업정지 10일	영업정지 20일	영업정지 1월	영업장 폐쇄명령

위반사항	관련법규	행정처분기준			
		1차 위반	2차 위반	3차 위반	4차 위반
차. 시·도지사 또는 시장·군수·구청장의 개선명령을 이행하지 아니한 때	법 제10조	경고	영업정지 10일	영업정지 1월	영업장 폐쇄명령
카. 영업정지처분을 받고 그 영업정지기간중 영업을 한 때	법 제11조제1항	영업장 폐쇄명령			
타. 삭제 〈2015.11.3.〉					
3. 「성매매알선 등 행위의 처벌에 관한 법률」, 「풍속영업의 규제에 관한 법률」, 「의료법」에 위반하여 관계행정기관의 장의 요청이 있는 때	법 제11조제1항				
가. 손님에게 성매매알선 등 행위 또는 음란행위를 하게 하거나 이를 알선 또는 제공한 때					
(1) 영업소		영업정지 3월	영업장 폐쇄명령		
(2) 미용사(업주)		면허정지 3월	면허취소		
나. 손님에게 도박 그 밖에 사행행위를 하게 한 때		영업정지 1월	영업정지 2월	영업장 폐쇄명령	
다. 음란한 물건을 관람·열람하게 하거나 진열 또는 보관한 때		개선명령	영업정지 15일	영업정지 1월	영업장 폐쇄명령
라. 무자격안마사로 하여금 안마사의 업무에 관한 행위를 하게 한 때		영업정지 1월	영업정지 2월	영업장 폐쇄명령	

(13) 벌칙

(1) 다음 각호의 1에 해당하는 자는 1년 이하의 징역 또는 1천만원 이하의 벌금에

처한다(개정 2002. 8. 26)

① 공중위생영업의 신고를 하지 아니한 자

(2) 6월 이하의 징역 또는 500만원 이하의 벌금

① 양도 양수 및 상속 대한 지위승계 시 신고를 하지 않은 자

② 채무자 회생 및 파산에 관한 법률로 인해 국가로부터 승계를 받아 신고를 하지 않은자

③ 전염병 외 출입 불가능한 공중위생업자 준수사항 위반

(3) 300만원 이하의 벌금

① 위생관리기준 또는 오염허용기준을 지키지 않은 자

② 면허가 취소, 정지된 후, 계속 업무를 행한 자

(14) 과태료

(1) 300만원 이하의 과태료

① 폐업신고를 하지 않은 자

② 관계공무원의 출입, 검사 및 기타조치를 거부, 방해, 기피한 자

(2) 200만원 이하의 과태료

① 미용업소의 위생관리 의무를 위반한자

② 영업소외의 장소에서 영업업무를 행한 자

③ 위생교육을 받지 않은 자

TIP

보건수준지표

지역사회 보건수준지표	WHO 종합 건강지표
영아사망률	평균수명
평균수명	조사망률
비례사망지수	비례사망지수

참고문헌

강남이 외 5인, New 영양 생리학, 2013, 지구문화사
강신옥 외, 피부미용기기관리학, 2012, 훈민사
고혜정 외 4인, NEW 화장품학, 2013, Gadam
고혜정 외 4인, 화장품학, 2013, 가담
고혜정 외 4인, 미용과 근육, 2014. 메디시언
권혜영 외 4인, 피부과학, 2012, 메디시언
김경영 외 5인, 에센스 화장품학, 2013, 메디시언
김기연 외, NSC기반 피부미용기기학, 2015, 현문사
김기영 외 10인, New 해부 생리학, 2015, 메디시언
김기환 외 1인, 인체생리학, 2002, 의학문화사
김봉인 외 미용기기학, 2014, 메디시언
김상호 외 13인, 인체생명과학(제6판), 2012, 라이프사이언스
김성남 외 7인, 미용학개론, 2010, 고문사
김옥연 외 7인, NEW 미용문화사, 2014년, 메디시언
김유정 외 4인, 피부미용학, 2013, 구민사
김주덕 외 5인, 신화장품학, 2008, 동화기술
김춘자, 전기미용기기학, 2008, 훈민사
김춘자, 피부미용학, 2009, 훈민사
김춘자, 최신 피부미용학, 2009, 훈민사
김형숙 외 5인, 미용학개론, 2015, 영림미디어
박경희 외 5인, 피부생리학(응용편), 2013, 훈민사
서은혜 외 4인, 미용학개론, 2010, 청구문화사
송인영 외, 피부미용기기학, 2011, 메디컬코리아
안현경 외, 미용기기학, 2003, 청구문화사

이근광 외1인, 화장품 성분과학, 2004, 현문사
이연숙 외 4인, 이해하기 쉬운 인체생리학, 2009, 파워북
이은주 외 3인, 피부질환 진단과 관리, 2013, 구민사
이성옥 외, 피부미용기기학, 2008, 고시연구원
이재남 외 1인, 피부과학, 2013, 구민사
이정숙 외 4인, 기초 피부과학, 2014, 예림
이한기 외 14인, 생리학, 2010, 수문사
이향우 외 6인, 피부과학, 2003, 광문각
임난영 외 8인, 미용인을 위한 해부생리, 2012, 정담미디어
전세열 외 5인, 미용해부생리학, 2007, 광문각
조현준 외 5인, 근골격계 진단과 평가, 2015, 영림미디어
채순님 외, 최신피부미용기기학, 2013, 정담미디어
채순님 외, 피부미용기기학, 2010, 정담미디어
타가미 히로오 외, 화장품 과학 가이드 제 2판, 2011, 광문각
하병조 외 4인, 화장품화학, 2002, 수문사
하병조, 화장품성분, 2010, 수문사
하병조, 화장품학, 2010, 수문사
한영숙 외 5인, 피부미용학, 2011, 청구문화사
한영숙 외 5인, 피부학(3판), 2011, 정담미디어
한영숙 외, 피부미용기기관리학, 2013, 정담미디어
홍란희 외 3인, 최신피부과학, 2012, 광문각